건축의 향성과 흐름: 은유적 활성화와 건축

Tropisms: Metaphoric Animation and Architecture

건축의 향성과 흐름

은유적 활성화와 건축

Tropisms: Metaphoric Animation and Architecture

Ton Verstegen 저

김원갑 옮김

Spacetime

차례 Contents

7		저자서문
15	1	향성과 전의
15	1.1	향성의 질문
27	1.2	은유로서의 전의
37	2	비유들
37	2.1	주름
43	2.2	S자 곡선
49	2.3	숭고
53	2.4	프란시스 퐁쥬
69	3	이미지-도표와 다이어그램
69	3.1	마크 존슨
72	3.2	역학
84	3.3	다이어그램
92	3.4	방울과 S자 곡선
107	4	실습
108	4.1	결정체형과 미궁형
112	4.2	아래와 위
114	4.3	내부와 외부
116	4.4	나선
118	4.5	뫼비우스 띠
127		에필로그
133		역자후문

저자서문 Introduction

오늘날의 건축가들은 은유에 큰 매력을 느끼지 않는다. 그들은 은유를 포스트 모던 상징주의와 환영들에 연관시킨다. 수퍼 모던 건축 역시 은유없이 얻을 수 있다.[1] 중성적이고 투명한 상자들은 침묵적이며, 감각에 직접적으로 호소하려는 경향이 있다. 컴퓨터로 디자인된 유동적 건축 형태들도 마찬가지이다. 그것들은 주로 감각과 육체를 활성화시키지만, 정신을 활성화시키지는 않는다. 라스 스파우브룩Lars Spuybroek는 우리에게 자신의 컴퓨터로 만든 작업들이 "완전히 비은유적 방식"[2]으로 만들어진다는 것을 확인시킨다.

컴퓨터 건축은 활성화하지만, 다른 관점에서는 은유 없음으로 확인된다. 현재 컴퓨터를 이용하는 디자이너들에게서 유행하는 다이어그램은 또한 은유를 묶어두는 도구로도 사용된다. UN 스튜디오가 뫼비우스 주택의 디자인에 대해 한 언급에 의하면, 다이어그램은 건축을 의미와 은유들로부터 자유롭게 해준다.

이러한 혐오는 수많은 텍스트들이 건축에 쏟아져 내려, 건축이 자신의 위에 쌓인 텍스트들에서 계속해서 구출되어야 한다는 점에서는 이해될만하다. 그러나 또 다른 결과는 공간적 활성화: 은유적 활성화 -를 성실하게 동반하는 현상에 대해 거의 관심이 주어지지 않는다는 것이다.

마크 라카탄스키Mark Rakatansky의 말에 의하자면, 활성화animate 한다는 것은 움직이게 한다는 것이지만, 또한 생명을 가져오거나, 혹은 오히려, 생명을 불러일으킨다는 것이다.[3] 움직임을 갖게 되는 것은 자기 자신의 삶을 가지도록 하는 암시를 만들어 내는 것이다. 은유적 활성화는 움직임의 외적 동기(끌개나 밀치개, 즉 잡아당기거나 미는 요소)와 상상적인 내적 모티브의 힘 사이에 연결을 설정하는 것으로 이러한 암시를 표현한다. 이러한 암시적 힘은 라카탄스키가 벡터를 정의한 것과 매우 유사하다: '벡터는 단지 물리적 힘만이 아니다: 그것은 "이끌려지고", "방향이 주어지고", 어떤 "감각"을 갖도록 하는 것을 의미한다". 이런 감각, 이런 방향화는 그것의 동인력이다. 하나의 벡터는 하나의 제스추어가 동기화motivate되는 것과 같이(모두가 아는 연기자들이 아는 것과 같이), 동기화의 상대적 복합체로서 동기가 주어진다 (…)' [4]

향성

직선상에서 움직이는 대상은 단일의 외적 동인을 가지는 것으로 나타난다, 그러므로 단일의 동기력을 가진다. 그러나 일반적으로 말해, 무수히 많은 외력들의 집합이 존재하며, 그러므로 동기들의 복수- 라카탄스키의 상대적 복합체- 가 존재한다. 힘의 장(그러므로 동기들의 복합) 내에서의 하나의 변화는 대상물의 방향의 변화를 초래할 것이다. 이런 변화- 전환의 동작에 의해 지침되는-는 직선이 그러는 것 이상으로 대상물이 자신의 독자적 삶을 가진다는 것을 암시한다. 이 책은 전환이나 향성의 이러한 암시력에 관한 것이다.

향성tropism, 혹은 -굴성tropy(그리스어의 *tropos*나 *trope: turning* 〈전환〉-에서 유래한)은 성장의 방향적 운동, 그리고 빛과 물, 중력, 전기, 등등의 영향을 받는 식물과 동물들에 의해 만들어지는 주지성geotaxis이나 주광성phototaxis 같은 다른 종류의 움직임 등에 사용되는 용어이다. 가장 잘 알려진 성장 운동은 빛을 향한 식물들의 운동이다: 굴광성heliotropism. 향성은 양적 형태와 음적 형태 모두로 나타난다. 식물은 빛을 향해 성장하나 자주 박테리아purple bacteria는 빛을 기피한다. 뿌리는 중력의 방향을 따르며, 줄기는 반대의 방향으로 자란다. 향성 운동은 강제적 운동이며,- 나방은 비록 그것이 죽음을 의미한다고 할지라도, 빛을 향해 날아들지 않을 수 없다- 동시에 그것이 동기에 기초하듯이 하나의 방향적 운동이다. 그것은 마치 식물이 빛을 향해 움직이길 원하고, 자주 박테리아가 빛으로부터 물러나길 원하는 것과 같다. 이러한 암시는 매우 강해 용어 자체가 그것에 종속된다. *trope*(전의)의 비유적 의미는 은유이다. 전환turning의 비유는 그러므로 전이transfer를 위한 뛰어난 비유로 된다: 자연과 문화, 생물과 무생물, 움직이는 것과 움직여지는 것 사이의 전이. 그것은 죽음의 세계로 정신을 전이시키고, 그럼으로써 '무게'가 다시 회복되도록 하는 매체이자 벡터력이다. 생명력이 없는 것을 활성화하는 것은 정신 내에서의 수동적인 것과 생명이 없는 어떤 것을 전제로 한다: 끌림과 밀침의 힘들에 대한 수용력.

향성은 역학의 한 지류, 그러나 그것의 매우 특별한 지류로 생각할 수 있다. 역학 내에는 은유적 활성화를 위한 어떤 공간도 없다. 물리적 세계와 활성화된 세계 사이의 차이가 정지되며, 그것에 의해 외력과 내적 동기 사이의 차이가 정지된다. 모든 형태(돌, 구름, 유기체, 하나의 사건)는 힘의 장 내에 위치하는 것으로 간주된다. 형태는 힘들의 집합 내의 모든 변화에 따라 변화한다. 그러나 대상물의 활성화는 보는 방식, 관점에 매이는 것으로 남는다. 비올레 르 뒤크가 고딕 성당의 건설을 설명하는 방식을 취해보자: '이 뼈대는 필요와 환경에 따라 단단하거나 유연하다; 그것은 순응하거나 저항한다; 그것은 자신이 반대의 힘들에 순응하기 때문에 살아있는 듯이 보인다, 그리고 그것의 안정성은 단지 더 이상 수동적이지 않고 능동적인 이러한 힘들의 평형에 의해서만 얻어진다... 돌은 살아 있고, 활동하며, 기능을 만족시키며, 결코 불활성적 매스가 아니다.' 5

저자는 구축적 힘들과 감정이입을 함으로써 건물을 활성화시킨다. 역으로, 언어는 자신의 생명력과 확신력을 그러한 감정이입에 의존한다. 언어에서의 감정이입과 풍부함은 은유적 활성화의 두 가지 측면을 형성한다. 감정이입은 대상물과 정신 내의 운동들 사이의 상응에 책임이 있다. 언어는 그것들이 부합한다는 것을 암시해야 한다. 그러나 동시에 그것의 비유들은 이것이 그러한 경우가 아니라는 것에 대한 살아있는 증거이다. 그것은 이

작은 차이로 인해 번창한다.

컴퓨터는 건축에서의 운동의 현상에 대한 거대한 추진력을 부여받았다. 그것은 모든 상상할 수 있는 방향에서의 현재와 미래의 건물들을 관통하는 행보를 가능하게 만든다. 그리고 그것은 건물들과 그것들의 주변 환경을 상호교호하게 만듦으로써, 사용자가 그것들 속에 침잠할 수 있게 한다. 그 모든 운동은 또한 공간 속의 운동에 관한 글을 쓰는 것에 대한 강력한 충동을 줄 수 있었지만, 실제에 있어서는 그러한 것들이 극소수로만 보인다. 심지어 그 운동은 글쓰기를 오히려 장황하게 만드는 듯이 보인다. 그러나 그것에 관해 글을 쓸 수 있게 하기 위해 아마도 우리는 공간을 통해 걷는 방식에 관해 배우는 것으로 시작해야 할 것이다: 향성의 영역으로의 강하; 끌림과 밀침 속으로 잠기기 시작하는 것. 이것은 공간 속에서의 동작을 글쓰기의 은유로 생각했던 작가들에게 시사성을 준다. 그들은 자신의 독자적 정신을 가로지르는 위대한 기술을 발전시켰다. 그들은 그것의 끌개와 밀치개들, 그것의 관례와 의미없는 운동들을 지나쳐 지나가게 되었다. 그들의 글들은 이러한 운동들의 기록들이다. 그들의 목표는 향성과 관례들을 폐기하는 것이 아니라 그것들을 순수한 횡단의 시학으로까지 끌어올리는 것이었다. 이제 공간 속의 동작은 다시 관심의 초점이 되었으며, 이런 시학들 역시 부활되어야 한다. 위협적인 대안은 관습들로부터 비행을 하는 가운데 단지 감각에서 감각으로 가는 공간 속의 운동이다.

이 책의 첫 부분은 다양한 영역에서 회전하는 형상의 실험이다: 생물학, 언어와 언어학, 철학, 미학과 문학. 그것이 포함하는 개별적 뿌리들은 포괄적으로 되도록 의도되지는 않는다.

두 번째 부분에서 비유는 더욱 자세하게 탐구되며, 마크 존슨Mark Johnson의 이미지 안과 몇 개의 역학적 개념들이 비교된다. 그리고 콘타contour, 방울blob, 다이어그램 같은 많은 현대 건축의 개념들이 뒤따른다. 이것의 목적은 전의(trope)와 같이, 그것들이 횡단의 시학을 위한 기초를 형성하는 감정이입의 형상들이라는 것을 보여주려는 것이다. 이것의 예들이 마지막 장에서 물리적/은유적 공간 속의 수많은 실험들의 형태로 제시된다.

주

1. Hans Ibelings, *Supermodernisme. Architectuur in het tijdpek van globalisering*, NAi Uitgevers, Rotterdam 1999.
2. Lars Spuybroek, 'Off-the-road / 103.8Mhz. Woningbouw en geluidswal aan de A58', in Ton Verstegen(ed.), *Stadbeeld Eindhoven. Visies en verhalen*, NAi Uitgevers, Rotterdam 1998, p. 61.
3. Mark Rakatansky, 'Motivations of Animation', in : Ben van Berkel and Caroline Bos(eds.), 'Diagram Work', *Any*, no.23, 1998, pp. 50-57.
4. Mark Rakatansky, *op. cit.*, p. 53.
5. Viollet-le-Duc, *Dictionnaire*, 1859, 4: 127, p. 164. in Martin Bressani, 'The Life of Stone. Viollet-le-Duc's physiology of Architecture', *Any*, no. 14, 1996, pp. 22-27.

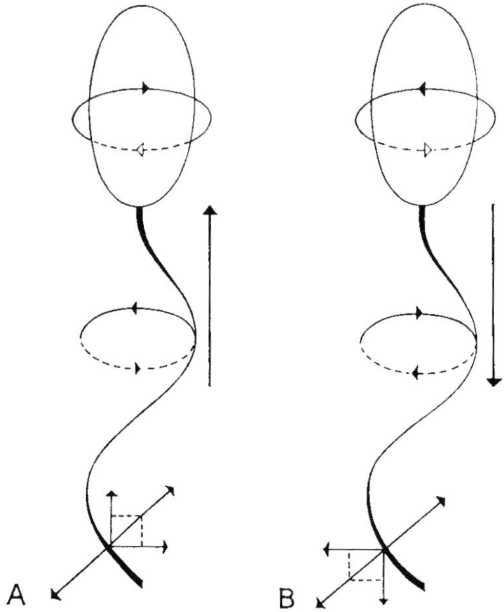

그림 1
홍색 유황세균Chromatium의 운동. A: 정상적 전진운동/B: 광선혐기 반응동안의 후진운동

자신의 논제로 식물학자들에게 충격을 주었다.[3] 그것은 다른 반응들 같이 적응적 특성을 가졌다는 것이 일반적으로 받아들여졌다. 식물들이 빛을 향해 기운다는 것은 이것이 광합성과 엽록소의 생산을 촉진하기 때문이라고 가정되었다. 뢥은 인간의 심리적 반응들도 다른 자연 현상들과 동일한 물리-화학 법칙들에 종속되는 향성의 반응이라고 논의하기에 이르렀다. 그는 젊은 연인들의 연애나 심리적 도상, 심지어는 이상을 위해 자신을 희생하려는 인간의 의지들도 향성이라고 간주했다. 그 개념은 일련의 자극들에 대한 감수성을 강화시키는 신체 내의 화학적 변화를 만들어내는 것으로 가정되었다. 이것은 식물학자들뿐 아니라 제닝스H.S. Jennings같은 심리학자들 사이에서도 반대를 불러일으켰는데, 그에 따르면 향성은 원치않는 환경을 기피하고 바람직한 환경—시행착오의 의미있고 원초적인 형태—을 추구하는 것을 목적으로 했다.

그럼에도 뢥은 많은 결정적 관점들에서 옳은 것으로 판명되었다. 예를 들어 빛을 향한 식물의 성장은 광합성을 증진시키기 위해 시도된 것이 아님이 제시될 수 있었다. 이것의 증거는 서로 다른 파장의 빛들로 행한 실험에서 발견되었다. 광합성은 무엇보다도 적황의 스펙트럼에서 발생되는 반면, 식물은 대부분 청색에서 자외선에까지 이르는 더 짧은 파장의 빛을 향해 기운다. 그러므로 식물에 자양분을 주는 빛은 식물을 끌어당기는 빛과는 다르다. 태양이 붉다면 식물들을 끌어 당기지 않고 식물에 자양분을 주었을 것이다. 만약 태양이 보랏빛이었다면 식물들을 끌어당기는 동시에 고사시켰을 것이다. 이것은 맹목적인 향성을 여전히 설명하기 힘든 현상으로 남겨둔다.

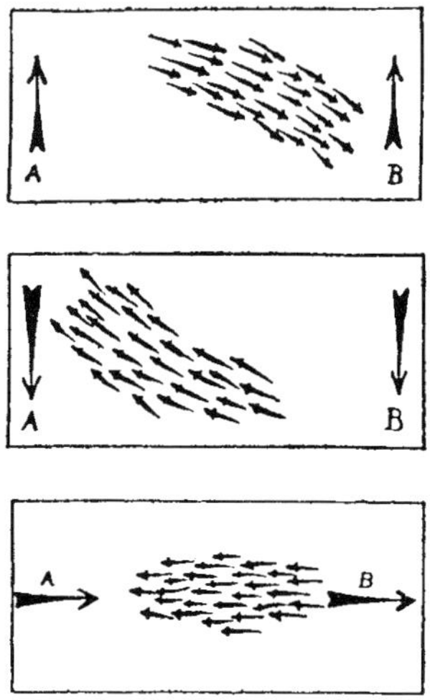

그림2
관찰자의 손운동이 큰가시고기 집단의 방향에 미치는 영향. 물고기 집단은 화살표가 보여주듯, 항상 손 운동의 반대방향으로 움직인다.

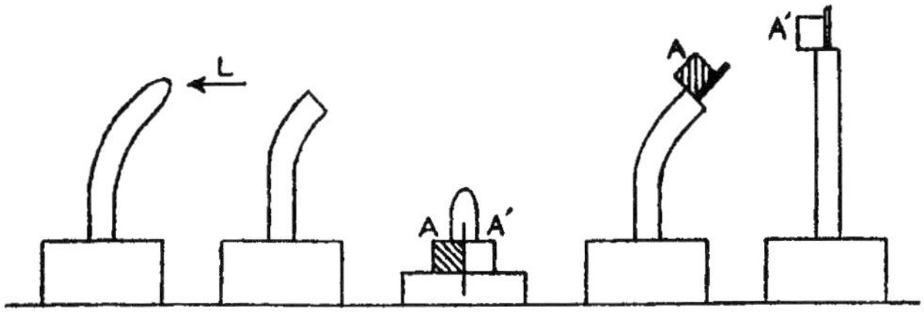

그림 3
옥신의 식물성장에 대한 효과에 관한 벤트의 입증. 곡물의 초엽이 수직적으로 조명을 받는다(L). 그늘 속에서 조명받는 끝 부분의 측면 밑 부분에 위치한 작은 블록의 우뭇가사리의 반쪽 A는 또 다른 (조명받지 않은) 초엽 내에 굴곡을 유발한다. 조명받는 측면 밑에 위치한 A'쪽은 어떠한 영향도 가지지 않는다.

비오드Viaud는 그것이 뢉이 가정했듯이 신체들의 (대칭적)형태가 아니라, 세포의 원형질과 같은 유기체 구성 요소들 내의 극성과 관계된다고 가정한다. 뢉은 유기적 조직을 순수한 '대칭적 기계' 로 여겼다. 그는 물고기의 한쪽 눈을 가리면 그것들이 원을 그리며 헤엄치는 것으로 이것의 증거를 발견했다고 주장했다. 그러나 비오드는 일반적 경향으로서의 '순수한' 향성과 신체의 형태(앞과 뒤, 감각과 운동 기관들의 대칭)와 연관되어 운동 방향을 결정하는 능력을 구별한다.

(일단의 물고기들은 항상 물살을 가르는 관찰자의 손 방향과 반대의 방향으로 움직인다)

벤트F.A. Went와 보아젠-옌센P. Boysen-Jensen의 나중의 실험들로 인해 우리는 굴광적 성장의 메카니즘에 관한 더욱 명확한 지식을 가지게 되었다. 식물 최상부의 자극은 성장 호르몬 옥신이 그늘에 있는 줄기 쪽으로 이동하는 것을 촉발시키는데, 이 곳에서 그것은 세포들의 확장을 증진시킨다. 이것이 식물을 빛을 향해 굽도록 만드는 것이다- 식물은 자신에게 빛을 향해 압력을 준다(그림3). 주된 향성들은 굴광성, 굴지성, 굴전성들이다. 굴지성은 중력에 대응하는 성장을 의미한다.

뿌리는 양성적 굴지성을 보이는 반면, 가지는 음성적 굴지성을 보인다. 이것은 식물을 수평적으로 놓아둠으로써 입증될 수 있다. 뿌리는 곧 아래 쪽으로 기울며, 가지는 위로 향함으로써 이 둘 다는 수직적으로 모양을 갖춘다(그림4). 동종 생식을 하는 박테리아는 모든 방향으로 움직인다. 아미노산은 흡인력의 집중도를 높임으로써 움직임에 방향을 전달한다(그림5). 흡인 변화의 영향 영역으로부터 벗어나 움직이는 박테리아는 몸부림을 침으

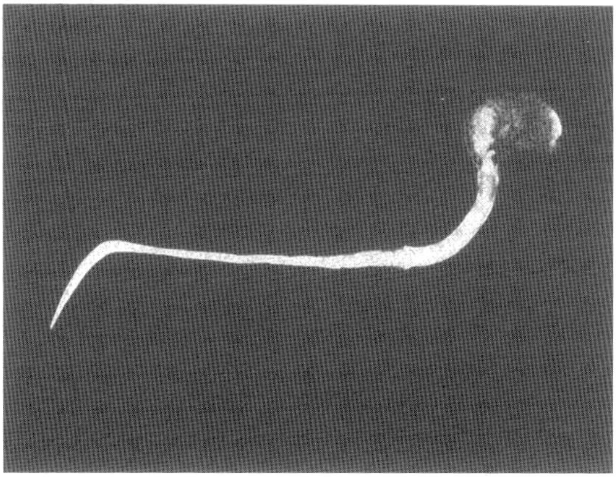

그림 4
수평적으로 놓여진 콩의 발아. 뿌리는 아래로, 줄기는 위로 향한다.

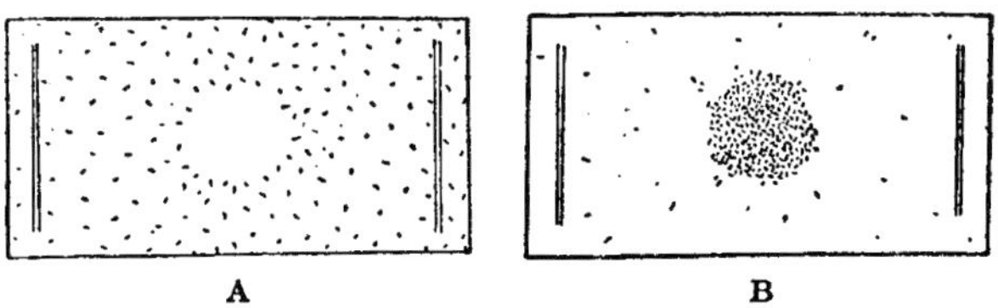

그림 5
염기와 산에 의해 각각 영향을 받은 짚신벌레들의 화학적 향성.
그림 6
무피 아메바의 유사변형체. 음식물이 결여될 때, 이러한 유기체들은 끌개로 작용하는 실체를 만들어내는 몇몇 그런 종류들 주위로 축적된다. 이 '괄태충' 은 하나의 유기체같이 처신하며, 하나의 줄기를 형성하고, 결국 새로운 포자들을 뿌리는 열매같은 몸체를 형성한다. 세포들은 분화될 수 있지만, 또한 그들의 원래 아메바와 같은 상태로 돌아올 수도 있다.

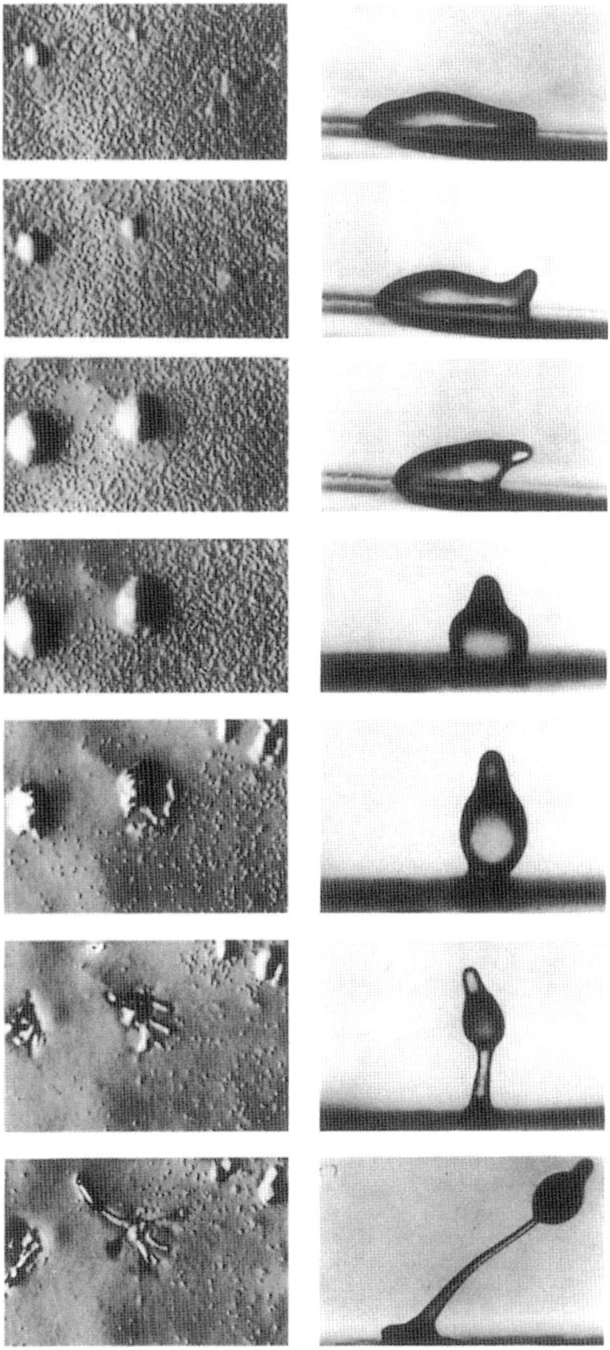

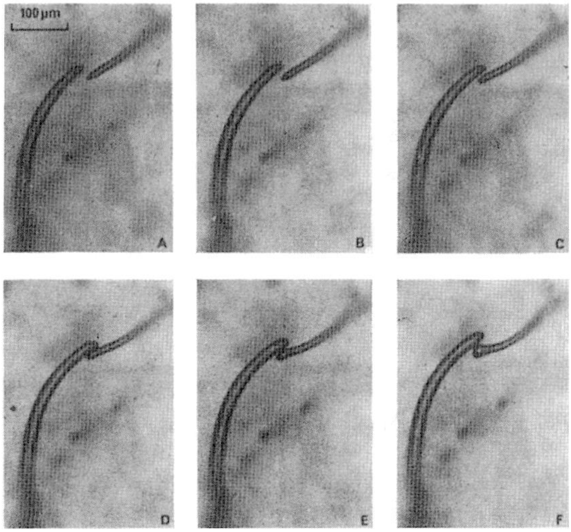

그림 7
접합자 향성. 서로 가까운 거리에 있는 진균류의 서로 반대 성의 접합자낭(털곰팡이)은 피할 수 없이 상대를 향해 자라나 합쳐진다.(Gooday, 1973)

로써 방향을 바꾸는 반면, 이미 옳은 방향으로 움직이고 있는 박테리아는 자신의 동작을 보강한다. 경사를 올라가야하는 쥐와 같이, 조류를 거슬러 헤엄쳐 올라가야 하는 유기조직(물고기, 정자세포들)들도 있다. 이러한 강제적 운동의 동기는 몸에 대한 압력변화의 등록이다. 흥미로운 향성적 현상은 군집을 형성하고 하나의 유기체와 같이 행동하게 되는 일단의 유기체들의 집합이다. 무피 아메바 유사변형체의 행동에 대한 확장 연구가 실시되었다; 음식물이 부족할 때 이 유기체들은 점액질의 주물로 싸인 수천개의 군집을 형성하기 위해 결합을 한다.(그림6)[4] 부드러운 머리와 거친 꼬리를 가진 이 괄태충은 전체적으로 (양성적으로) 굴광적으로 반응하며, 무시하지 못할 거리를 움직여 간다. 직경이 1 밀리미터의 일종의 해초인 편모가 달린 녹조류 역시 군집을 형성한다. 이 군집은 어떤 신비스런 우주선과 같이 빛을 향해 움직인다. 반면, 그늘 속에 있는 편모들은 빛 속에 있는 것들보다 더 빨리 뒤를 향해 움직인다. 이것은 회전하고 있는 군집이 개별적 해초의 광합성 세포를 통해 빛의 강도에서 더 이상 차이를 감지하지 않을 때 멈춘다. 어떤 반대 성의 진균류는 서로 2밀리미터의 거리에서 서로를 향해 자라 통합된다. 그것들이 통합되기 직전에 서로 접근해갈 때 막위로는 약간의 부풀어 오름이 감지된다(그림7). 그것은 마치 우리가 현상과 은유의 통합을 목격하는 것과 같다.

단계교대

싹이 트는 곡물의 초엽 한쪽 면이 빛에 노출되고 빛의 강도가 점차 증가될 때 그 성장 곡선은 절정을 이루고, 떨어지고, 음성적 단계로 들어가고, 다시 활성적 단계로 되는 교대를 이룬다. 양성과 음성적 단계의 이 리듬은 감광적인 물벼룩에서도 나타날 수 있다.

일정량의 빛이 흡수된 후에 단계 교대의 안정된 패턴이 효과를 나타낸다. 만약 빛의 강도가 다시 올라간다면 양성적 단계의 지속이 감소되고, 음성적 단계의 지속이 증가된다. 빛의 강도가 감소되면 반대의 단계가 일어난다. 비오드에 따르면 서로 다른 빛의 강도 내에서의 이러한 템포의 변화는 물벼룩이 양성적 단계 동안 감광성 기관에 대해 입은 피해를 음성적 단계의 동안에 복구한다는 지표이다. 자기 보존의 이러한 반응은 또한 빛의 강도에 따라 다르다. 만약 빛이 너무 밝지 않다면 물벼룩은 단순히 그것에 등을 돌린다, 그러나 빛이 강렬하다면 그것은 부리나케 달아난다. 그러므로 맹목적 향성- 순수한 운명적 끌림- 은 두 번째의 (적응적) 향성을 불러일으킨다: 살아남기 위해 유기 조직이 운명에 대항해 자신을 방어하게 되는 방식.

문화

당신이 손가락을 태울 때 당신의 손을 움츠리는 것의 반사작용은 일종의 적응적 태도의 형태이다. 그것은 향성이 아니다, 왜냐하면 그것에는 당신의 손을 불 속에 넣으려는 운명적 유혹이 결여되기 때문이다. 인간의 습관에서 운명적 이끌림에 대해 말할 수 있는 한, 이것에는 항상 은유적 요소가 작동된다. 그러나 그러한 조건에서 우리는 성적 욕구나 권력, 금전, 명성 등에 대한 욕구같은 인간의 성향들을 운명적이라 명칭할 수 있다. 그리고 그것들은 많이 영락했다.

운명적 이끌림과 그것에 대한 저항은 숭고의 형상을 취하기 위해 통합한다. 숭고는 서구 문화의 기초들 중의 하나이다. 클라우스 발두스Claus Baldus에 따르면 욕망과 척도 사이의 장력(kosmo), 위반적 힘과 보존적 힘 사이의 장력 들이 그리스 고전의 세계관의 핵을 형성한다.[5] 그는 이것을 이끌림의 대칭적 다이어그램으로 보여주지만, 자세히 관찰하면 당신은 그것이 봉합부분에서 삐걱거리는 소리를 들을 수 있다(그림8).

그 다음에 그는 그것을 계약의 위반, 추락과 화해 등의 신화로써 유태 세계관의 구조와 비교해 나가기 시작한다(그림9). 그것의 서로 다름에도 불구하고 그곳에는 또한 놀랄만한 유사함이 존재한다. 두 가지 모두의 경우에 균형의 상실(위반, 추락)과 균형의 회복(화해)의 드라마가 존재한다.

숭고는 또한 프로이트의 무의식 이론의 중요한 부분이다. 줄리아 크리스테바Julia Kristeva는 그녀의 비천함(억압)과 수용의 이론theory of abjection and acceptance을 그것에 기초한다: 의미의 기초로 되는 본능의 숭고.[6]

1.2 은유로서의 전의

전의trope 의 비유적figurative 의미는 은유이다. 옥스퍼드 사전은 다음과 같이 말한다: '그것에 적절한 규범 외의 감각에서 단어나 문장을 사용하는 것으로 이루어진 말의 비유'[7] 그리스 철학에서 전의는 확실성의 기초를 손상시키도록 가정되었던 회의적 논쟁들의 집합체였다. 사전에 의해 제공된 또 다른 의미들은 하지나 동지 때의 태양의 확실한 선회이며, 더욱 일반적으로는 '전환점'

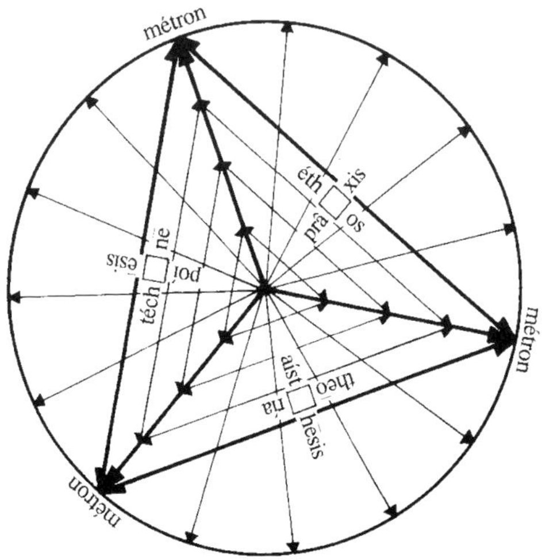

그림 8
세계(kosmos)와 척도(metron)에 대한 그리스적 개념의 다이어그램

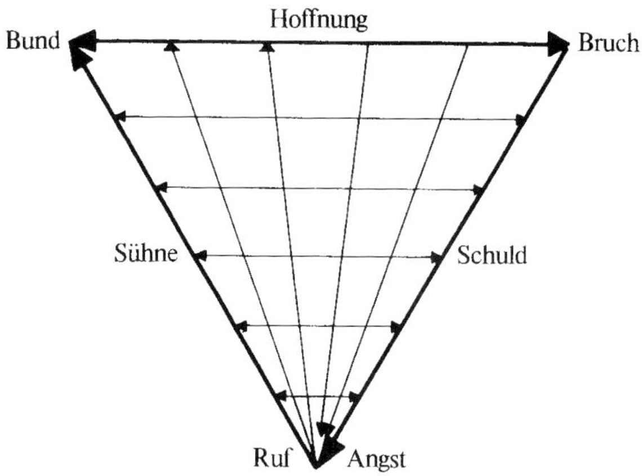

그림 9
추락과 희망의 유태적 경험의 다이어그램

turning point이다. 전의는 또한 특별한 수식을 표상한다: 그레고리안 성가와 서구 예배식 끝 부분에서의 운율: 순수히 장식적인 기능을 가진 기도나 합창에서의 악구. 우리가 「리트레」사전*Littré*에서 읽는 전의의 존재 이유는 '다른 단어들이 없기 때문이 아니라 정신의 생생한 운동을 따르고 처음에 경험했던 것을 다른 사람에게 보여주려는 것' 이다.

전의는 관습이나 논리에 의해 지령된 단어나 표현의 문학적 의미에 대한 기울어짐을 첨가한다. 그것이 전의가 때때로 심리학에서의 방어기제에 비교되는 이유이다: 직설적인 것과 사물을 그대로 취하는 것에 대항하는 방어. 전의는 명확함과 정설이 지배하는 모든 곳에서 양산된다. 중세에 성서의 비유적 해석을 옹호했던 신앙인들이 '비유주의자' Tropists 로 불렸다는 것이 아무 의미가 없는 것은 아니다. 전의는 19세기에 이르기까지 의심스런 비유로 간주되었다. 언어의 고전적 독트린은 기호와 의미가 서로 풀릴 수 없게 연결되도록 했다. 의미하는 것과 의미되는 것 사이의 고정적 결합에 대한 개념이 포기된 것은 낭만주의 시기 이후였다. 이것은 상상과 (은유적) 활성화의 도구로서의 전의를 위한 공간을 창조했다.

전의의 두 번째 의미는 첫 번째에 대한 거울 이미지이다: 미지의 것에 대한 방어. 전의는 미지의 것과 신비를 알려져 있는 모든 것과 연결한다. 잠바티스타 비코Giambattista Vico는「신과학」*Scienza Nova*에서 말한 문화 진화 이론의 부분으로서 네 가지 주요 전의들-은유metaphor, 환유metonymy, 제유synecdoche, 아이러니-의 기초에서 은유적으로 '파악을 하는' 혁명적 안을 보여주었다.[8] 비코에 따르면 은유는 특히 '감정과 열정이 무생물의 대상으로 돌려질 때' 중요하고 유용한 전의이다. 우화는 자연의 힘에 생명력을 부여함으로써 그것이 위협을 상실하도록 한다. 원시인들이 미지의 사물을 명명하기 위해 가능한 명칭들의 리스트는 그들이 가장 생생하게 경험한 것들로부터 취해졌다: 그 자신의 육체 운동과 기분들. 비코는 예로서 원시인들이 행한 천둥과 분노의 동일시를 인용한다. 그것은 분노의 인간적 외침이지만 더욱 소리가 컸다. 환유pars pro toto 는 그것에 의해 천둥이 인간적이지만 또한 인간적인 것 이상의 동기를 부여받게 되는 양식적 비유이다: 천둥의 신. 제유는 이러한 육체적 재현으로부터 보편적인 것으로 이끈다: 신격의 추상적 개념이 탄생된다.

아이러니는 언어 그 자체가 반영의 대상으로 되는 단계를 재현한다. 비코에 의하면 언어는 진실과 표현, 원래 의미와 비유적 의미 사이의 차이에 대한 인식을 전제로 한다. 4개의 비유들은 정신이 완전히 알 수 없는 세계를 알려는 시도를 하는 가운데 관통을 하게 되는 하나의 주기- 아이러니로부터 은유로의 반전ricorso 을 포함하는-를 형성한다. 이것이 어떠한 언어도- 심지어는 자연과학의 언어조차도- 비유적 언어의 형태를 탈피할 수 없는 이유이다. 말하는 태도, 관점 같이 항상 문제가 되는 주관적 요소가 있다. 수사적 진술들은 진실의 주관적 왜곡이거나, 혹은 오히려 확실성, 관습, 혹은 전통의 주관적 왜곡들이다. 도상적으로 말해 정설(직선)과 전의(곡선) 사이의 관계는 두 가지의 다른 방식으로 재현될 수 있다. 직선에 대한 일탈이자 미지의 것에 대한 혐오로서의 전의는 그 주변에서 곡선이 덩굴과 같이 감겨드는 직선의 형상을 만들어낸다. 이 경우에 전의의 위상은 근본적으로 영향을 미치지는 않으며 확실한 것을 감싸는 일종의 장식이다. 그러나 전의가 직선을 전체적으로 붙잡고 그것을 구부린다는 것 또한 수긍할 만하다. 그러면 전의는 장식이 아니라 구조이며, 발 아래 남겨진 어떠한 확실한 기반도 없게 된다.

이러한 경우에는 은유를 은유의 양극 사이의 상호행위나 장력의 형태로 말하는 것이 더 나을 것이다. 은유는 더 이상 상응에 기초하지 않으며, 상응들을 창조한다. 창조적 과정으로서의 은유의 이러한 관점은 줄리아 크리스테바의 작품에서 발견될 수 있다.[9] 그녀는 인간의 본능을 리드믹하며, 비기하학적인 공간, 그리고 명명할 수 없는 것의 피난처이자 동시에 명명할 수 있는 것을 향한 운동인 코라Chora 내에 위치시킨다. 장소와 벡터적 힘의 이러한 특성은 불어의 'sens'로 표현되는데, 그것은 방향과 감각 모두를 의미한다. 코라는 승고화의 과정 속에 본능을 의미의 전달자에로 휘게 하는 벡터적 영역이다. 본능들은 비천함이나 억압, 그리고 회귀와 수용의 과정에 종속된다.

억압되고 그러므로(무의식적으로) 거부되는 것은 동시에 이끌림의 억제할 수 없는 힘을 가진다. 크리스테바는 프로이트적 억압의 이러한 계획을 시적 비유로 이끌어 올린다: 억압되는 것은 바이러스와 같이 상징적인 것에 영향을 준다. 본능은 공식적 의미에 의해 억압되는 것을 선호하며 상징적인 것 속에서 회귀한다. 그것은 상징적인 것의 구체성의 회복이다 - 크리스테바가 기호론이라 부르는 것: 음성, 리듬, 음색, 그러나 또한 침묵, 제스추어, 주저함; 무엇이 말해지는가가 아니라 어떻게 말해지는가. 상징과 기호 사이의 이러한 장력은 은유적 활성화의 기초이다: 정점들은 매달려있지 않고 서로의 위로 구른다. 상징 속에는 떠오르는 의미가 항상 존재하지만, 언어의 의사소통 기능이 보통 상부에 놓여 있듯이, 기호적 요소들은 전면에 자주 나타나지는 않는다. 결정적인 것은 상징적 질서 속으로 환원될 수 없는 의미의 이러한 과잉이 상징의 외부에서는 또한 기능할 수 없다는 것이다. 이러한 상징적 요소들은 단어들의 활성화를 가져오고, 그것들은 텍스트의 쾌락과 욕망을 구성하며, 그럼으로써 은유적 전이의 매체를 구성한다.

숭고는 또한 일반 시스템 이론의 관점으로 기술될 수 있다. 시스템의 내부와 외부 모두에서 모든 것을 모든 것과 연결하는 것이 불가능하기 때문에, 결정적으로 강화된 선택성, 결국 복합성complexity의 질문으로 연결되는 현상이 나타난다.

복합성은 니클라스 루만Niklas Luhmann에 의해 '시스템 내이건 그것의 환경 내에서이건 각각의 요소를 다른 모든 요소에 연관시키는데에 있어서의 시스템의 무능성의 정도' 로 정의된다. 강화된 선택성은 또한 의미의 의미이다. 루만에 따르면 복합성과 의미는 질서의 동일한 근본적 문제를 위한 단지 다른 표현들- 하나는 기술의 세계로부터의, 또 하나는 인간성으로부터의- 일 뿐이다. 그는 의미를 더 높은 진화적 평면 위에서의 복합성의 재현으로 보아야 한다고 논의한다. '인간들 같은 시스템들이나 복합성에 대처하기 위한 의미에 의존하는 사회적 시스템들은 바로 이 사실에 의해 초복합적인 시스템들로 된다, 왜냐하면 그것들은 복합적 시스템들 내로 그들 자신의 복합성의 재현을 도입하기 때문이다.' 10

그러면 시스템 이론의 관점에서 전환은 강화된 선택성의 비유로 표현된다; 과잉(가능한 관계들의 과잉)과 결핍(진부함)이 교차되는 삶의 최소의 기호. 건축의 흐르는 형태들은 그러므로 새로운 차원을 획득한다. 그것들은 과잉-컴퓨터의 잠재력에 의해 보강된-의 운명적 유혹과 그것에 대한 저항의 표현이다. 혹은 그것의 거울적 전도: 진부함으로부터의 탈피와 진부함에로의 회귀. 건물들은 외부 세계의 과잉(정보의)에로 뿐만 아니라 그들 자신의 내부 세계의 과잉(행태의 패턴들과 그 사용자들의 운동)을 향해서도 구부러진다.

주

1. 다음의 글들을 참조할 것: Gaston Vioud, *Les Tropismes*, Paris 1951, 2nd ed., 1968; Maurice Rose, *La question de Tropismes*, Paris 1929; F.A.F.C. Went, *Leerboek der algemeeneplantkunde*, Groningen, The Hague 1923; V.J .Koningsberger, *Tropisme en groei*,(diss.), Utrecht 1922.
2. Jaques Loeb, *Forced movements, tropisms, and animal conduct. Monographies on experimental biology*, vol.1, Philadelphia 1918(repr. 1973).
3. Jaques Loeb, *Die Bedeuting der Tropismen für die Psychologie*, Leipzig 1909.
4. M.J.Carlile(ed.), *Primitive sensory and communication systems: the taxes and tropisms of micro-organisms and cells*, London 1975. 특히 1장: Taxes and Tropisms: Diversity, biological significance and evolution', pp. 1-29. 또한 Alan Garfinkel, 'The Slime Mould Dictyostelium as a Model of Selforganizing Systems', in: Eugene Yates(ed.), *Self-Organizing Systems*, New York 1987.
5. Claus Baldus, 'Met-archie Zimmermanns Bau und Zelt der Begegnung', ed., *Das Abenteuer der Ideen*, Berlin 1984, pp.290-304.
6. Nel van den Haak, *Metafoor en Filosofie*, Leende 1999.
7. Hayden White, *Tropics of Discourse: essays in cultural criticism*, Baltimore, London 1978.
   Hayden White, *Auch Klio Dichtet oder Die Fiktion des Faktischen. Studien zur Tropologie des historische Dickurses*, Stuttgart 1986.
   F.R. Ankersmit, *History and Tropology. The Rise and Fall of Metaphor*, Berkeley University of California Press, 1944.
   James M. Mellard, *Doing Tropology. Analysis of narrative discoures*, Urbana, Chicago 1987.
8. Hayden White, *Tropics of Discourse*, pp. 197. Giambattista Vico의 *Seconda Scienza Nova*, 1730은 원본인 Prima Scienza Nuova, 1725의 철저한 수정본이다. Vico의 계획에서 역사적으로 신들의 시대 이후에는 영웅들의 시대가 뒤따랐으며, 그것은 계속해서 인간들의 시대로 진화되었다. 지식은 감각에서 상상을 거쳐 이해로 진화되었다.
9. Nel van de Haak, 3장 참조, pp.81-113.
10. Niklas Luhmann, 'Insistence on Systems Theory: Perspectives from Germany-An Essay', *Social Forces*, vol.61, no.4, 1983, pp.987-998, p.994.

2. 비유들 Figures

2.1 주름

철학자 라이프니츠는 그의 바로크 비전을 세계의 어디에나 존재하는 휨과 주름 위에 구축했다: 직물과 의복의 주름, 피부의 주름, 산등성이의 주름, 모래 속 바람의 잔물결, 바다의 파도, 바로크 회화와 조각의 주름, 건축 공간의 주름, 그리고 끝없는 다양성 속에서 펼쳐나가는 푸가 속의 주름.[1] 이러한 바로크 세계는 라이프니츠가 단자론monad의 개념에서 설명하듯 생명력이 있는 세계이다. 움직이는 세계는 단자 내에서 반영이 되며, 그러므로 그것은 그 자체로 통일의 개념을 만들어낸다. 그러나 모든 단자들이 시간과 공간 내에서 정확히 결정된 위치를 점유하므로 인식은 매번 다르다. 세계는 단자 내에서 폐쇄되지만 그것은 특별한 관점으로부터이다. 그러므로 세계는 끝없이 새로운 변형과 교대를 하는 가운데

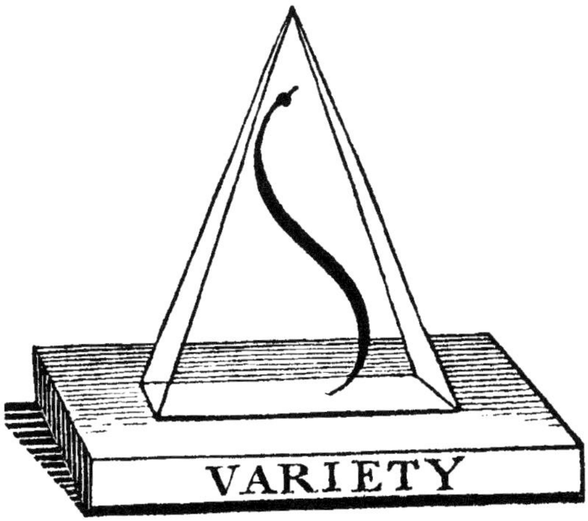

그림 13
윌리엄 호가드.「미의 분석」표지.

이루어지는가? 여기서 카세는 내가 더 이상 따라가지 않을 오히려 복잡한 반영들 속에서 방향을 잃는다. 향성의 맥락에서 굴곡의 굴곡으로서의 이러한 지점은 물리적 변환과 심리적 변환이 매우 밀접하여 조망의 최소한의 변화로써도 불활성화로부터 활성화로, 그리고 그 역으로의 전환을 하기에 충분하게 되는 지점이라는 것이 확실하다. 이 지점은 또한 활성과 죽음의 이중적 감각에서 하나의 생장점으로 여겨질 수도 있다. 중세에 "생장적 정신"은 '육체에 생명을 가져다 주는 특성이나 힘'으로 간주되었다. 아우구스틴Augustine에 따르면 세계는 현세적 육체들과 이상하게 연결된 생장적 정신들로 채워졌다. 우리는 그의 말에서 그를 따를 충동을 느낀다.

2.2 S자 곡선

운명과 저항 사이의 연결은 또한 기능성과 사치 사이의 연관 속에서도 나타난다. 이러한 연관은 윌리엄 호가드William Hogarth의 「미의 분석」*The Analysis of Beauty* (1753)[4]의 주제이다. 설익은 기능주의자로서 호가드는 기능적 형태가 필연적으로 좋고 아름다운 형태인지의 질문에 관심을 가졌다. 그는 만약 배가 항해를 순조롭게 한다면 선원들이 점차 그것을 아름다움이라 부를 것이라 주장했다. 그러나 그러한 경우에 기능적 형태가 눈을 즐겁게 해주는 것과 우연하게 일치한다는 것이 가능하지는 않은가? 부수적인 것이 동기의 출현에서 취해지는 것이 가능한가? 그는 유효성, 노동, 효율성, 일상적 업무 등이 일반적으로 평평한 표면, 직선, 획일성, 정형성 등으로 이끈다고 언급했다. 그것에 틀림은 없다; 그것은

그림 15
UN 스튜디오. 로테르담 에라스무스 다리 건설을 위한 다이어그램. 손으로 막대 유연성을 실험한다.

매너리즘의 특성을 보여준다' 고 언급한다. 그는 로마조G.P. Lomazzo의 1584년 「처리법」*Trattato*을 인용한다: '화가는 이러한 피라미드적 형태를 살아있는 뱀의 운동의 비틀림이나 불꽃의 움직임과 같은 S자 곡선과 조합해야 한다... 그 형상은 S자와 같이 보여야 한다... 그리고 이것은 전체의 형상 뿐만 아니라 각각의 부분들에도 적용된다.' [6]

그러나 호가드에게 S자 곡선은 순수한 미학적 의미 이상의 것이었다. 그에 의하면 직선(효율성이나 호가드가 '용도에 적합함'이라 부르는 것을 의미하는)을 구부리는 것은 인간 정신의 두 가지 결정적 능력에 부합되었다. 그는 사냥에 대한 열정을 통해 이 점을 설명한다. 그는 사냥이 생존에 목표를 둔 유용한 행위라 인식하지만, 이 욕망은 남성과 야수들 사이에서 매우 강렬하여 그것의 실제적 실용성을 벗어나고 결국 기능적 정당화의 요구가 필요없게 된다고 계속해 주장한다. 그는 노동과 오락 사이의 관계에서 실용성과 욕망 사이의 동일한 관계를 인식한다. 저항이 크고 일이 고될수록 그것으로부터 파생되는 기쁨은 더 크다: '수고와 노동으로 불리게 되는 것들은 스포츠와 레크레이션으로 된다' . 다양성과 복합성 속에서 쾌락을 창조하는 것은 삶에 유용할 수도 있다, 그러나 여기서 또한 사냥과 호기심의 정신은 순수히 그것의 재미만을 위해 장애물을 극복하기를 원한다. 동일한 것이 유희나 자연의 즐거움에 적용될 수 있다: '눈은 이런 종류의 즐거움을 굽이치는 걸음걸이나 구부러진 강, 그리고 그 형태들이 주로 내가 파도와 S자 곡선이라 부르는 것들로 이루어진 모든 종류의 대상물들에서 취한다' .[7] 억제할 수 없는 운동으로서의 사냥에 대한 욕망과 실제적 생활로의 적응적 회귀는 그러므로 서로에 대한 관계로 되며, 서로 균형을 유지하게 된다. 이런 관계의 추상적 표기가 S자 형태의 선이다. 실용성은 미의 주요 조건이지만 그 자체로 충분하지는 않다. 동일한 것이 변형들에로 적용된다. 그것은 단지 두 가지를 연결하여 그것들을 이 S자 곡선이 만들어내는 운동 속에 놓아두기만 하면 된다. 강도의 물리적 시험이 미의 이상 속에서 승화된다.

이러한 조망은 벤 반 베어켈Ben van Berkel과 캐롤리네 보스Caroline Bos의「이동력」*Mobile Forces*에서 표현되는 것과 같이, 그러한 건축가들의 디자인에 대한 최근의 관점에서 반향된다. 그들은 디자이너를 '가변적 힘들의 게임' 을 하는 플레이어들중의 하나로 간주한다.[8] 그들은 이 게임 속에서 자율적 차원과 기능적 차원을 구분한다- 그들의 명칭을 따르자면 생리학적 차원과 정치적 차원으로 구분될 수 있을 것이다. 자율적 게임은 바타이유Bataille가 신성불가침으로 불렀던 예술과 에로티시즘의 영역에 속한다. 자연의 힘들과의 이러한 유희는 무엇인가가 구부러지고 파괴되고 폭발하는 정도에 이르기까지 강박적이며 의례적이다. 로테르담의 에라스무스 다리 건설을 위한 초기안Leitbild이나 다이어그램은 막대의 유연성을 시험하는 손이었다(그림 15). 이러한 실험의 충동은 자신을 도시 공학이나 도시의 정치적, 상징적 질서의 직선 상에서 던지는 힘이다. 역으로, 이런 실험적 본능은 기술과 관습의 저항이 없다면 정신적이지도, 큰 물결을 일으키지도 않을 것이다.

그러나 컴퓨터를 이용한 디자인은 호가드의 것에 정반대로 되는 개념을 지지한다: 가장 기능적인 형태는 눈에 가장 즐거움을 주는 형태로 될 수도 있다는 명제. 예를 들어 빌바오의 구겐하임 미술관 디자인에서 항공 산업에서 빌어온 컴퓨터 소프트웨어의 사용은 지출, 즉 단가의 괄목할만한 절약을 의미했다. 그 논의는 매우 강력하다, 왜냐하면 그것은 생태학과 경제학을 동일한 선상에 위치시키기 때문이다: 비용의 절감과 굴곡선은 수렴될 수 있다.

2.3 숭고

호가드는 자연의 굴곡선을 눈에 대한 즐거움으로 보았다. 그러나 자연이 매우 폭력적이고 압도적이어서 그것이 단지 공포만을 불러 일으킨다면 어떻게 될 것인가? 이마뉴엘 칸트Immanuel Kant는 이것에 대응하여 숭고의 '부정적 욕망' 의 개념을 발전시켰다. 혼돈이 정신 속에 자리잡으며, 그것은 감각들에 대한 그것의 우월성을 그러한 식으로 갑작스럽게 증명한다. 하르트무트 뵈메Hartmut Böhme는 숭고가 위험의 시뮬레이션, 자의식적인 에고에 자신의 우월성을 증명하기 위한 기회를 가져다 주는 공포의 무대화라고 말한다. 그러한 시뮬레이션은 위험의 추방의식을 가지며, 우리가 그것을 눈으로 보는 것 뿐 아니라 그 속에서 우리 자신을 상실하는 것을 가능케 한다.[9] 뵈메는 그러한 장면이 무엇과 같이 보이는지를 보여주기 위해 낭만주의 시인 노발리스를 인용한다. 노발리스는 자신의 시 중에서 '거대한 바위가 어떻게 관람자를 서서히 내부로 자라나는 돌껍질로 덮어버리는 지' 를 설명한다. 공포는 에고의 화석화, 몰수로 이끌며, 그러므로 관람객에게 가장 낯선 것(돌)은 그 자신의 부분으로 경험된다. 그러므로 부정적 욕망은 두 개의 요소들을 가진다: 낯설고 공포스런 것으로부터의 초월된 거리; 그것에 대한 굴복. 그것들은 뵈메가 은유적 활성화라 부른 것의 비유를 형성하기 위해 결합된다: '바위는 당신이 되고, 당신은 바위로 된다'.

낭만주의 시만이 거리 두기와 굴복의 이 두 가지 요소 사이에서 진폭을 가지는 것은 아니다. 그것들은 또한 19세기의 문학적 영웅들이 그들의 풍부한 인상의 자산들로 메트로폴리스들에서 살아남기 위해 사용했던 전략을 결정한다. 저항은 굴복이나 침몰에 대한 대안이다.

소용돌이

19세기의 시작 무렵 저널리스트와 작가들은 도시를 그들의 작업 영역으로 발견한다. 저널리스트들은 도시의 다른 면들- 가난, 범죄, 매춘- 과 마찬가지로 도시의 멋진 세계들, 화려함과 여흥, 식사와 음주 습관('베를린에서는 어떻게 먹고 마시는가') 등에 관해 보도한다.[10] 이런 종류의 얘기들은 첫째로 무엇보다도 파리와 런던에서, 그리고 나중에 베를린과 페테르부르크에서도 따뜻한 호응을 얻었다. 도시는 또한 신문들에서 연재된 소설들의 진정한 영웅이다. 1842년 파리의 신문에서 연재되기 시작했던 으젠느 슈Eugène Sue의 「파리의 신비」*Mystères de Paris*는 귀족적 풍미를 지녔던 루돌프M. Rudolphe가 파리의 밑바닥 인생으로 쇠락하게 되는 과정을 기술했다.[11] 이런 기술들은 서구인들이 들어가 본적이 없는 낯선 지역의 탐험여행 보고서와 같았다. 되풀이되는 은유는 정글과 대양에 관한 것들이었다. 프리드리히 헤벨Friedrich Hebbel은 파리의 프롤레타리아들을 '심연의 괴물들이지만, 반면에 무엇보다 밝고 평화로운 자들'이라 언급한다. 발작Balzac, 고골리Gogol, 디킨스Dickens, 도스토에프스키Doestoevsky같은 위대한 낭만적 사실주의자들은 침잠의 이런 은유들을 이어받았다. 그것의 많은 모습들에도 불구하고, 발작의 파리는 특별한 분위기를 가진다. 도시는 하루의 다른 시간대에 그 자신의 독특한 소리와 분위기, 운동들을 가지는 '유기체' 이거나 '괴물' 이다. 거주자들의 삶은 불가해하게 그것에 묶여있다. 그들은 바다 밑바닥에 있는 멋진 창조물과 식물 형태 같거나 모든 지름길에 익숙한 미국 정글의 인디언 부족들 같다. 이것은 이 이야기의 주인공들을, 도시의 거대한 몸체 속에서 '이상한 부합관계, 계획, 부조리, 사건들의 연쇄관계들' 을 포착하기 위해 사용하는, 특별한 안테나가 부착된 탐사선 같은 이러한 환경 속에서 자유롭게 되는 추적자나 탐정들로 바꾸어 놓는다.12

보들레르로 인해 영웅과 도시의 만남은 투쟁의 형태를 취한다. 도시의 인상의 혼돈은 영웅과 무목적 배회자를 질식시키도록 위협한다. 그는 은퇴하여 자신의 친구하고만 사귀지만, 바다나 구름과의 제휴를 상기하며 군중 속에서 목욕을 하기 위해 다시 탈출해 나온다. 보들레르는 '의식의 경련' 으로 씌어진 그의「산문 속의 작은 시들」*Petits poèmes en prose*에서 단어들 속에 충격과 침잠 사이의 교대를 집어넣는다. 산문시들은 이런 경련들을 아름답고 닦여진 형태로가 아니라 비틀린 환상의 형태로 기록한다: 머리나 꼬리가 없이, 왜냐하면 그것의 모든 부분이 머리와 꼬리이기 때문에... 그것을 잘게 잘라 많은 단편들로 만들면 당신은 그것들 각각이 홀로 존재할 수 있음을 보게 될 것이다.13

19세기 문학의 가장 훌륭한 침잠 우화는 에드가 앨런 포의「소용돌이 속으로의 하강」*A Descent into the Maelstrom*14 에 나타난다. 한 선원이 자신이 노르웨이 해변가에서 유명한 소용돌이로부터 불가능할 것같은 탈출을 한 얘기를 한다. 그는 그와 배, 모든 것이

어떻게 소용돌이 속으로 빨려 들어갔는지, 그 속에서 안쪽으로 회전을 하게 되었는지, 그리고 바닥의 운명적 지점으로 더 가까이 가게 되었는지를 말한다. 처음에 그는 공포에 마비되지만 점차 그의 주변에서 진행되고 있는 것들에 흥미를 갖게 된다. 그는 모든 종류의 다른 오브제들이 소용돌이 속에서 역시 회전하고 있으며, 원통형의 오브제가 다른 것들보다 천천히 가라앉는 것을 발견한다. 주저하지 않고 그는 자신을 물통에 묶고 배 밖으로 몸을 던진다. 그리고 배가 가라앉는 동안 그 물통 위의 선원은 썰물이 되고 소용돌이가 잠시 잠잠해질 때까지 자신이 가라앉는 것을 늦춘다.

그의 뛰어난 지성은 그 선원을 자연의 힘 위에 올라서도록 했지만, 이 지성은 그에게 자신을 물통과 같이 둥글게 만들도록 말한다. 그가 소용돌이를 다루고 살아남도록 한 것은 반은 인간이고, 반은 물통인 이러한 특별한 변형 속에 있다. 언젠가 그가 다시 돌아 갈 것이라는 것을 누가 알 것인가. 생존을 위한 책략으로서의 텅빈 형태를 위한 이러한 비워내기는 사회학자 게오르크 지멜Georg Simmel의 사고 속에서 다시 등장한다. 지멜에 따르면, 신경적 흥분의 지속적 상태의 영향 속에서 메트로폴리스는 '사물들의 실제적 차이에 대한 무관심' 으로 특징되는 무감동blasé의 경향을 발전시킨다.[15] 이러한 경향은 '과잉' 한가운데에서 생존을 가능케 하기 위해 필연적 방어를 형성한다. 지멜은 그것을 '동일한 특정 중력을 가진 모든 것들이 주변에 떠 있으며, 그것이 점유하는 표면 영역에 의해서만 구별되는' 돈의 흐름의 성실한 주관적 반영으로 간주한다. 우리가 만약 소용돌이 속에 있는 포의 형상으로 돌아온다면, 우리는 운동 속에서 표현되는 끌림과 밀침,

부정적 욕구 등을 보게 된다. 유일하게 볼 수 있는 원형 오브제로 축소되어, 물통 속의 인간은 안구와 같다. 그는 단지 안구로 되었다. 임상적 안구는 거리를 등록하며, 동시에 유지한다; 그것은 분리된 지성의 매체이다. 이러한 임상적 양상은 근대 건축에서 중요한 모티브로 될 것이다. 르 꼬르뷔제는 자신의 주택을 그것의 '긴 창' fenêtres en longueur이 외부 세계를 일련의 사진들이나 영화 스틸들로 기록하는 '기계적 눈', 혹은 카메라로 보았다.[16] 소용돌이 속에서 벽감을 발견한 구체 형상의 존재로서, 물통 속의 인간은 또한 동굴 속에 있는 동물이나 자궁 속의 배아 이미지를 연상시킨다. 비전에 대한 강조와 거리 두기는 보금자리 만들기, 자신의 주변들과의 촉각적이고 친밀한 관계로 되었다.

2.4 프란시스 퐁쥬Francis Ponge(1899–1988)

프란시스 퐁쥬는 글쓰기를, 그것- 감자, 테이블, 무화과, 비누같은 -이 아무리 대수롭지 않은 것일지라도, 아이디어와 사물들간의 친밀한 관계의 설정이라고 간주했다. 교환은 균형의 특성을 가진다. 「오브제, 그것은 시이다」 *L'objet, c'est la poétique* 라는 제목의 글에서 그는 다음같이 말한다: '인간은 자신의 독자적 중력 중심을 포함하지 않는 괄목할만한 몸체이다... 우리가 만약 육체만을 가진다면, 우리는 의심할 여지없이 자연과 균형을 이룰 것이다. 그러나 정신은 우리의 측면에서 균형을 이룬다. 그것은 계류장이나 평형물로서의 오브제를 필요로 한다... 사물들은 우리 머리 속의 납이다'. 이 평형물은 정신이 환상 속으로 도피하는 것을 막아준다.[17] 이런 생각하는 육체의 운동들은 글을 쓰는 손에 의해 기

오브제를 만들어낸다: 분할선에 의해 분리된 육체와 정신.

「테이블」의 대략 중간쯤에 새로운 모티브가 등장한다: '테이블은 (또한) 수직적 위치에서 수평적 위치와 대면하기 위해 벽을 되돌린다.' 이틀 후에 (1970년 10월 23일) 그것은, 이번에는 더욱 강력하게, 되돌려진다: '사람들은 원래 수직 벽(혹은 천장(돌멘)), 수직 벽들(묘비석들), 조각품의 받침, 신전 박공벽 위에 글을 쓰거나 그림을 그렸다. 그러나 자신의 필기 표면 위로 구부린 자(나는 그것을 내 눈 앞에 거의 수직적으로 고정한다)는 그가 수평선의 윤곽을 그리기 위해, 그것을 한정하기 위해 무언가를 일으켜 세우고 있다는 느낌을 가진다. 모든 선은 쌓여질 때 벽을 형성하게 되고, 씌어진 종이면을 형성하게 되는 열지어 선 돌들이나 경계벽과 같다... 그러나 내가 무엇을 말했는가? "일으켜 세움"? 이상한 것은 씌어진 종이면은 벽과는 달리 자신을 위에서부터 아래로 만들어간다는 것이다. 작가는 석공과는 반대의 방향으로 일을 한다. 아마도 누군가는 벽이 벌거벗고 비워진 종이면이며, 글쓰기는 벽체를 부정하고, 지우고, 파괴하고, 개구부(열려진 문)로 바꾸기 위해 위에서부터 아래로 지워나가려 한다... (글쓰기는 벽을 창으로 바꿀 것이다... 베네치안 블라인드, 셔터 등)고 말할 수 있을 것이다(그러나 나는 그것이 내게 선험적으로 메마르고, 빈약하고, 인공적인 것으로 보인다고 말해야 한다).' [20]

의심할 여지 없이, 퐁쥬가 필기 표면을 회전시키는 것은 인쇄된 책이 석판서를 사장시킬 것이라는 빅토르 유고의 주장에 대한 암시이다. 그러나 퐁쥬의 경우에 투쟁은 결정되지 않은 채 남겨지며, 열고 닫을 수 있는 블라인드의 이미지 속에서 표현된다. 벽과 창은 사고의 교란을 야기하는 벽의 두 가지 가능성들이다.

흉내낼 수 없고 판독할 수 없는

식물의 뿌리는 아래로 자라고, 줄기는 위로 자라기 때문에, 퐁쥬를 따르자면 굴지성이 양성에서 음성으로 변환되는 지점이 있어야 한다. 퐁쥬는 이 지점에 강박적으로 매달렸다. 명치solar plexus에 대한 유추로써, 그는 이 점을 식물적 생장의 중심으로 간주했다. 1954년 9월 5일, 그는 다음과 같이 기록한다: '지난 3주나 5주 동안 나의 상황은 머리도 없이, 식물같이, 침대에 누워만 있는 것이었다.. 그리고 그것으로부터 바보같은 꽃과 같이, 대담하고 이글거리는 색의 새싹이 나왔다.'[21] 퐁쥬는 머리로부터 떨어져 내려와(머리가 없는 누구–무두인–인가가 되는 것), '아이디어를 내어 그것으로부터 위 아래로 악구를 나누기 위해', 빛과 습도, 그늘, 무기적이거나 광물질적인 오브제의 특별한 조건을 가진, 대지 아래 몇 센티 미터의 신비스런 결절 속으로 이동하기를 원했다. 퐁쥬는 광물질적, 결정체적 세계와 동물의 생활 사이의 중간적 형태로서의 식물적 생활에 매료되었다. 식물의 특성은 그것들이 한 점에 얽매이고, 이동할 수 없으며, 그럼으로써 그것들에게 공간만 주어진다면 모든 방향으로 성장하게 되는 것이다. 그것은 마치 유기적 물질이 일종의 분해적 완벽성을 목적으로 하지만, 그러한 연관 때문에 자신을 하나의 필기로 표현해야 하는 것과 같다고 퐁쥬는 말한다: 가능한한 하늘을 많이 가리기 위해, 적응과 분열, 기록, 돌기, 조직의 확장, 여백 속으로 권리를 확장시키는 텍스추어 등에 의한 것.

퐁쥬의 필기는 종이 전체를 채우려 한다. 우리가 그의 필기된 종이들 중의 하나를 볼 때, 그것은 우리가 밀집된 덤불을 통해 단지 한 조각의 하늘만을 볼 수 있는 것과 같다. 그는 또한 뿌리를 닻의 체계에 비교한다. 식물은 닻에 누워있는 유기적 물질로, 때때로 꽃이라는 형태로 깃발을 올린다. 꽃은 결정체적 완벽성에 가장 가깝게 되지만, 공기 속으로 과시하듯 당신의 복제적 기관들을 찌름으로써 당신은 동시에 당신이 사형 선고를 받음을 명확히 한다.

그것은 도덕성의 문제가 아니라 논리의 문제이다: '죽음이 없는 복제의 문제는 무엇으로 될 것인가?' 죽음의 인식은 절대적 완벽함에 대한 추구의 포기이다. 남는 것은 반복으로, 그것은 '자세와 제스추어, 꾸밈과 향기 속에서의 원전성에로의 절망적 시도' 이다.[22] 이것은 꽃을 퐁쥬가 '인간 정신의 전형적 열정의 하나' , 그리고 관습을 위한 은유들 중의 하나로 본 것으로 만든다.

라이프니츠의 세계와 같이, 퐁쥬의 세계는 굴곡과 나선의 세계이다: 격노, 혜성, 스카프들, 대리석 무늬 넣기, 가스 속의 가스; 태양 광선 속의 담배 연기의 올라감, 일종의 나무같은 열대 덩굴과 유칼리의 성장, 깃발의 펄럭임, 가장자리부터 닳아서 8자의 수평적 형상으로 붕괴되는 타이어, 먹이를 찾는 단일-세포 기관의 변형, 귀, 눈, 나무의 옹이, 비등하는 유체. 혹은 손금이나 지문같은 나선들이다: '그리고 그것은 보다 흉내내기 더 어려운 것이 없으며, 더 확실한 것이 없는 듯이 보인다. 그리고 물론 가장 중성적인 종이 위에 가장 가벼운 분필로 가능한한 느슨하게 씌어졌으며, 무한한 굴곡과 반원들로 씌어진 모든 것이다. 결국 우리의 손은 저자의 사인을 흉내내지 못하고 판독 불능하게 하기 위해, 가장 헷갈리는 필기로 자유롭게 나아가도록 해야 한다.

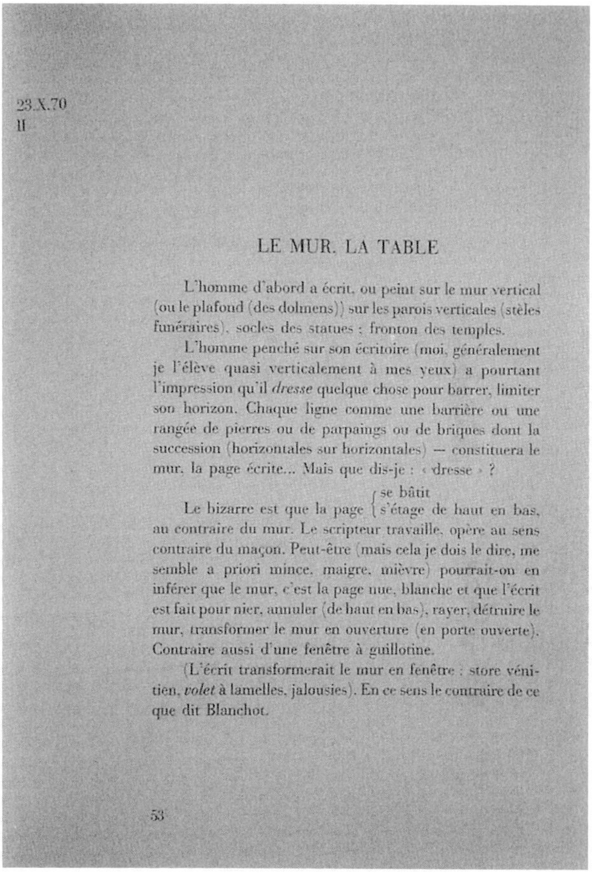

23.X.70
II

LE MUR, LA TABLE

L'homme d'abord a écrit, ou peint sur le mur vertical (ou le plafond (des dolmens)) sur les parois verticales (stèles funéraires), socles des statues ; fronton des temples.

L'homme penché sur son écritoire (moi, généralement je l'élève quasi verticalement à mes yeux) a pourtant l'impression qu'il *dresse* quelque chose pour barrer, limiter son horizon. Chaque ligne comme une barrière ou une rangée de pierres ou de parpaings ou de briques dont la succession (horizontales sur horizontales) — constituera le mur, la page écrite... Mais que dis-je : « dresse » ?

Le bizarre est que la page {se bâtit / s'étage} de haut en bas, au contraire du mur. Le scripteur travaille, opère au sens contraire du maçon. Peut-être (mais cela je dois le dire, me semble a priori mince, maigre, mièvre) pourrait-on en inférer que le mur, c'est la page nue, blanche et que l'écrit est fait pour nier, annuler (de haut en bas), rayer, détruire le mur, transformer le mur en ouverture (en porte ouverte). Contraire aussi d'une fenêtre à guillotine.

(L'écrit transformerait le mur en fenêtre : store vénitien, *volet* à lamelles, jalousies). En ce sens le contraire de ce que dit Blanchot.

53

그림 17
퐁쥬, 「테이블」(1991)

나탈리 사로트Nathalie Sarraute(1900-1999)

나탈리 사로트가 1932년부터 1937년까지 쓴 「향성」*Tropismes*은 또한 에고로부터의 추락에 관한 것이지만, 이번에는 '공유되는 장소', 평범함의 공간으로의 추락에 관한 것이다.[23] 사로트에 의해 또한 '여기' 로 불려진 이 공간은 향성들, '이 순식간의 내적 운동들' 로 가득 차있다.[24] 사로트는 정신 속의 이러한 의식발달 이전의 운동들을, 우리 존재의 근원같이, 단어를 형성하기 이전에 이미 증발해 버린 것으로 간주한다.

'그리고 그들은 말하고, 말하고, 계속 말했다, 그들은 동일한 것을 계속 반복했으며, 그것들을 모든 측면에서 검토했고, 다시 한번 모든 측면에서 검토했다, 한 측면에서 또 다른 측면으로, 그들은 그것들을 손을 대고, 만졌으며, 그들이 자신들의 삶으로부터 순화했던 이 불유쾌하고 초라한 물질을 자신들의 손(그들이 "인생" 이라 불렀던 것)에서 계속 미끄러져 나가게 했으며, 그것을 따로 손을 대고 잡아당기고, 아무것도 안남고, 단지 형태가 없는 작은 덩어리, 매우 작은 회색 공같이 될 때까지 그것을 자신들의 손 안에 가지고 앉았다.'[25]

사로트에게 있어 말하는 것은 진흙 속에 유기체들이 풍부하듯이, 일종의 운동이다. 모든 것은 움직이지만, 개인들은 얼굴이 없고, 익명적이며, 그들 주변의 색채를 띠었다. 이런 환경은 다른 자들, '그들' 의 편재하는 힘이다. 그것은 인간의 털구멍과 제스추어, 대화들을 관통해 들어간다.

향성은 접근과 후퇴의 형상들이다: 말하기는 누군가를 무엇으로 감싸는 형태이지만, 또한 이런 힘으로부터 피하거나 그것에 저항하는 방식이기도 하다. '"그들은 추하고 조잡했지만, 매우 평범하고 개성이 없었다, 그들은 이미 너무 구식이었고, 전에 수없이 설명되었던 정형적 패턴의 전형적인 예들이었다”, 그녀는 “복사물, 복사물의 복사물”을 생각했다.’

그러나 도피의 시도에는 매번 복종의 행위가 뒤따랐다:

‘그리고 천천히, 그러나 확실히, 나약함과 무기력한 느낌, 그리고 그들의 인가를 획득하고 그들에 속하려는 필요에 사로 잡혀, 그녀는 그들의 서클에 가입했다. 그리고 그녀는 자신이 얼마나 점잖고 공손하게 그들과 악수를 했는지를 깨달았으며... 얌전한 소녀와 같이 서클 내에서 그들을 따르기 시작했다.’ 26

‘... 양보해라, 양보해라, 양보해라, 절대로 네 맘대로 하지 마라: “네, 네, 네, 네, 맞습니다, 물론 그렇습니다” 당신은 그들에게 친절하게 말하고, 그들을 친절하게 보아야 하며, 방법을 이해해야 한다, 그렇지 않으면 무언가 갑작스럽고 예상치 못했던 것, 무언가 끔찍한 것이 생길 수 있다, 당신은 느슨하게 끌리고, 잡아당겨질 수 있으며, 그때는 전에 결코 일어난 적이 없던 어떤 것이 생길 것이다...’ 27

유연성과 신축성은 두 가지 힘들의 산물이다. 타자에 대한 방어는 개인을 석화시킨다. 화석화와 석화는 사로트의 작품에서 두 가지의 공전되는 주제들이다. 정신의 휘발성 운동들은 압력 탱크 속의 가스와 같이 밀폐된다. ‘향성은 무엇보다도 도망가기를 원하는 압력이다’라고 아르노 리크너Arnaud Rykner는 기술한다. 그곳에 폭발은 없다, 왜냐하면 모든 것은 신축적이며 순응적으로 되기 때문이다. 매일 매일의 삶 속에서 사람들은 서로 서로 섞이며, 주변 환경과 혼합된다. ‘그것은 마치 그들이 모든 곳에서 갑자기 나타난 것과 같았으며, 그들이 약간의 습기 속에서 부드러운 대기를 열고, 조용히 지껄이는 것과 같았고, 울타리와 같이 배열된 벽과 나무들, 등대, 더러운 도로와 광장들이 그것들을 발산한 것과 같았다.' 28 그러나 그때 지표면으로부터 분출되어 서서히 굳어지는 용암과 같이, 용해와 경화의 변형이 모든 곳에서 다시 시작된다.

단어들은 동일한 변형에 의해 영향을 받는다. 사로트의 작품 속에서 그것들은 때때로 내부에서 향성들이 고정되는 건물을 부여하는 형태를 취한다. 단어는 '사랑이나 우정, 증오같은 기념비적 단어' 로 된다: '그 친구들은 어디에 있는가? 그들과 함께 있는 우리는 어디에 있는가? 우리는 이 기념비 내에 있는데, 그것은 자신의 파사드에 다음과 같이 새겨놓고 있다... 말하자면 "금박 글씨로" 그것의 현저하게 훌륭한, 부여된 특성을 강조하는데... 그것은 입구 위에 금박 글씨로 새겨놓은 자신의 이름을 가진다: 우정' 29

작가는 이 기념비 속에서의 삶의 흔적들을 구석과 갈라진 틈들 속에서 찾는다. 이것은 또한 전복적 행위이다, 왜냐하면 기념비란 단어의 의미는 집합적으로 포기되었기 때문이다. 네덜란드 일간지 *NRC Handelsblad* 와의 인터뷰에서 사로트는 1997년부터 그녀의 마지막 책 *Ouvrez*(열림)에 대해 언급을 했다: '나는 품위있고 관습적인 단어들과 부적절하고 온당치 않은 단어들 사이에서 연극에 형태를 주기 원했다. 이 두 개의 단어 그룹들은 투명한 간막이에 의해 서로 분리되어 있다. 그 간막이는 당신이 낯선자에게 이야기할 때 존재하는 경계벽을 상징한다. 당신은 마음에 떠오르는 모든 것을 말하지 않는다. 부적절한 단어들은 간막이 뒤에서부터 탈출하기 원한다, 그것들은 계속해서 "열어라" 고 요

구한다. 그러나 문은 계속 닫혀있다.' [30]

사로트는 단어들의 서클로 얌전하게 되돌아온다, 그러나 그녀는 그것들을 그 방식으로 어떻게 조종하는 지를 안다. '곧 다시 보자(See you soon)' 같은 일상적 표현을 취해보자. 사로트는 메시지에 포함된 정보에는 관심이 없으며, 그 뒤에 숨어서 억양과 망설임, 침묵, 표정, 감추어진 암시 등을 통해 무심결에 표현된 풍부한 양의 감정들에 관심을 가진다. 그것은 삶이 단어들을 관통하고 자신의 길을 만들어내는 장소이다. 단어들 속에서 이 운동을 포착하기 위해서 그것들은 분석되어야 하며, 슬로우-모션 영화에서와 같이 독자의 머리에서 불러내어져야 한다. 사로트는 마르셀 뒤샹의 「계단을 내려오는 나부」같은 회화에서의 몽타주로부터 자신의 영감을 끄집어냈다.[31]

단어는 이제 더 이상 의미의 매체로 사용되지 않으며, 공간과 시간 내에서 형상을 취하는 사건으로 된다. 서로 서로 보충이 되고 수정을 해주는 시리즈의 활성화는 단어들의 공식적 의미를 그것들 속에 새겨지는 삶을 나타내기 위해 배경으로 자리매김 해준다. 당신은 역 구내 식당에서 만나는 두 연인 사이의 대화를 이끄는 모호한 운동들을 어떻게 나타낼 수 있는가? 사로트는 독자들을 공간 속으로 안내하여 그들을 공범자로 만든다. '사랑' 이라는 단어는 공중에 떠있지만 분위기가 매우 밀접하게 되어 그것이 구체적으로 되기 전까지는 언급되지 않는다. 그 이후부터는 무엇인가가 바뀐다. '"사랑" 이라는 단어가 연인의 입술 위에 떠오를 때, 그것이 선언될 때, 그것은 특별한 손님이 도착했고, 그가 그의 성채 안에 있다는 것을 보여주기 위해 궁전에서 솟아오르는 깃발과 같다.' [32] 이 순간부터 그 요새는 조심스레 방어가 된다. 다른 단어들이 강제로 들어 올 때까지 그들 사이에는 증오-사랑에서와 같은 하나의 조약이 만들어진다. 작가는 또한 포위자이다. 그러나 최후의 수단으로 그 의도는 그것들의 대리석, 유리, 콘크리트, 철 등에도 불구하고, 그것이 종종 역 구내 식당의 어딘가에 있는 연인들의 중요치 않은 단어들 속에 있듯이, 그 단어 기념비들에 대한 원래의 어떤 반향을 회복하려는 것이다.

그림 18
에티엔 쥘 마레의 막대형상으로 사진찍힌 검은 벨벳옷의 남자는 마르셀 뒤샹의 영감의 원천이었다.

주

1. Hans Scheepmaker, 'Het ontvouwend universum. Over de actualiteit van het barokke denken', *Decorum*, no.2, 1994, pp.3-9.
2. Gilles Deleuze, *Le Pli. Leibniz et le Baroque*, Paris, 1988.
3. Bernard Cache, *Earth Moves, The Furnishing of Territories*, Cambridge, 1995.
4. William Hogarth, *The Analysis of Beauty*, Pittsfield, Massachusetts, 1990.
5. William Hogarth, p. 72.
6. John Shearman, *Mannerism*, Harmondsworth, 1967.
7. William Hogarth, p.50.
8. Kristin Feireiss(ed.), *Ben van Berkel. Mobile Forces/Mobile Kräfte*, Berlin 1994. 또한 Report on symposium 'Nederland als kunstwerk in 2020', Rotterdam 1996, p. 36 참조.
9. Hartmut Böhme, 'Das Steinerne; Anmerkungen zur Theorie des Erhabenen aus dem Blick des "Menschenfremdesten"', in: Christine Pries(ed.), *Das Erhabene; Zwischen Grenzerfahrung und Grössenwahn*, Weinheim 1989, pp.119-143.
10. Karl Riha, *Die Beschreibung der 'Grossen Stadt'; zur Entstehung des Grossstadtmotives in der deutschen Literatur*(ca 1750-ca 1850), Zürich 1970. 또한 저자의 아티클, 'Petersburg in de 18e en 19e eeuw. Van architectonische luister naar literaire nachtmerrie', *Archis*, no. 6, 1987, pp. 26-41 참조.
11. Eugène Sue, 'Mystères de Paris', *Journal des Débats*, 1842-1843.
12. Donald Fanger, *Dostoevsky and Romantic Realism*, Cambridge(Mass.), 1965.
13. Baudelaire, 'À Arsène Houssaye', *Petits poèmes en proses*, ed. Robert Kopp, paris, 1969의 서문.
14. Edgar Allan Poe, 'The Descent into the Malestrom', in: *The Complete Tales and Poems of Edgar Allan Poe*, New York, 1938, pp. 127-144.
15. Georg Simmel, 'Die Grossstädte und das Geistesleben', in: *Jarbuch der Georg Gehestiftung*, nr.9, 1903, pp. 185-206, p. 191.
16. Beatriz Colomina, 'Le Corbusier and Photography', *Assemblage*, 4, October, 1987, pp. 7-25.
17. Francis Ponge, 'L' objet, c' est la poétique', in: Jean Thibaudeau(ed.), *Francis Ponge, Nouveau recueil 1923-1942*, Paris 1992, pp. 207-212. 또한 나의 아티클, 'Tropismen. Ponge en de architectuur', *Archis*, no. II, 1995, pp. 30-37참조.

18. Richard Stamelman, 'Van sprakeloosheid tot spraak: De ontwikkelingen van de expressie in de poezie van Francis Ponge', *Raster*, 19, 1981, pp. 145-156.
19. Jean Thibaudeau(ed.), Francis Ponge, *La Table*, Paris, 1991.
20. La Table, *ibid.*, p. 19.
21. Francis Ponge, 'L' opinion changée quant aux fleurs', in: Jean Thibaudeau(ed.), Francis Ponge, *Nouveau Nouveau recueil*, 1940-1975, Paris, 1992, pp. 99-133, p. 109.
22. *Ibid.*, p. 130.
23. Arnaud Rykner, *Nathalie Sarraute*, Paris, 1991, p. 14.
24. Antoine de Gaudemar, 'Petit à petit j' ai rempli cet Ici', Nathalie Sarraute와의 대화, *Le Monde*, 7, 1995, 9월호.
25. 'Et ils parlaient, parlaient toujours, répétant les mêmes choses, les retournant, puis les retournant encore, d' un côté puis de l' autre, les pétrissant, roulant sans cesse entre leurs doigts cette matière engrate et pauvre qu' elles avaitent extraite de leur vie(ce qu' elles appelaient "la vie", leur domaine), la pétrissant, l' étriant, la roulant jusqu' a ce qu' elle ne forme plus entre leurs doigts qu' un petit tas, une petite boulette grise', Nathalie Sarraute, *Tropismes*, Paris, 1957, p. 65.
26. 'Ils étaient laides, ils étaient plats, communs, sans personalité, ils dataient vraiment des clichés, pensait-elle, qu' elle avait vus déjà tant de fois décrits partout... des clichés, des copies, la copie d' une copie, pensait elle... Et peu à peu une faibless, une mollesse, un besoin de se rapprocher d' eux, d' être approuvée par eux, la faisait entrer avec eux dans la ronde. Elle sentait comme sagement... bien sagement, comme une bonne petite fille docile, elle leur donnait la main et tournait avec eux', Nathalie Sarraute, *ibid.*, XXIII, p. 133, 135.
27. 'Se plier, se plier, s' effacer: "Oui, oui, oui, oui, ,c' est vrai, bien sûr," voilà ce qu' il fallait leur dire, et les regarder avec sympathie, avec tendresse, sans quoi un déchirement, un arrachement, quelque chose d' inattendu, de violent allait se produire, quelque chose qui jamais ne s' était produit et qui serait effrayant', Nathalie Sarraute, *op. cit.*, II, p. 17.
28. 'Ils semblaient sourdre de partout, éclos dan le tiédeur un peu moite de l' air, ils s' écoulaient doucement comme s' ils suintaient des murs, des arbres, grillagés, des bancs, des trottoirs sales, des squares', Nathalie Sarraute, *ibid.*, I, p. II.
29. 'Ou sont-ils, ces amis? Ou sommes-nous avec eux? Nous nous trouvons à l'

interieur de ce monument qui porte gravé sur son fronton... disons "en lettres d' or" pour souligner son caractère éminemment respectable, imposant... qui porte donc gravé en lettres d' or au-dessus del' entrée son nom: Amitié.' ,Nathalie Sarraute, 'A tres bientôt, in: *L' usage de la parole*, Paris 1980, p. 23.

30. Margot Dijkgraaf, 'Mijn lezers moeten heel gevoelige mensen zijn' , 나탈리 사로트와의 인터뷰, *NRC Handelsblad*, 2, 1998년 1월.
31. Arnaud Rykner, *op. cit.*, p. 83.
32. 'Le mot "amour" quand il monte aux lèvres des amoureux, quand il se montre au-dehors, est comme le pavillon aux armes du souverain, qu' on hisse sur un palais pour signaler que l' hôte royal est arrivé, q' il est la, dans ses murs' , Nathalie Sarraute, *L' usage de la parole*, *op. cit.*, p. 76.

3. 이미지-도표와 다이어그램 Image-scheme and diagram

3.1 마크 존슨

은유가 진정으로 가장 생생하게 경험된 것으로 되돌아간다면 개인 자신의 육체는 이제 여기서 전이의 매체인 벡터로 보는 것만이 자연스럽다. 우리는 육체를 가지기 때문에 세계를 이해한다. 이 개념은 마크 존슨Mark Johnson의 책 「정신 속의 육체. 의미와 상상, 이성의 육체적 기초」*The Body in the Mind. The Bodily Basis of Meaning, Imagination and Reason*의 기초를 이룬다.[1] 존슨은 은유가 단순히 장식적이거나 수사학적이라는 객관주의적 개념을 공격한다. 그에 따르면 세계의 이해는 철저히 은유적 과정이다. 그는 이것을 다음과 같이 설명한다. 첫째로, 육체적 운동과 물리적 환경과의 상호 행위들은 그가 '이미지-도표'라 부르는 추상적 도표로서 조직된다. 그것들의 구조는 이제 인지와 상상, 사고의 다른 영역들로 은유적으로 전이된다. 존슨은 객관주의자들이 그것을 추방했던 곳으로부터 육체를 정신 속으로 되돌려 놓기를 원한다. 우리가 만약 누군가가 매혹적이라고 말한다면, 우리는 그것에서 물리적 힘들이 작용하는 이미지-도표를 생각할 수 있다: 출발과 목적의 지점, 결정적 강도와 결정적 원인. 존슨은 그러한 이미지-도표가 이미지가 아니라 과정의 추상적 재현이라고 강조한다. 힘의 도표 같은 단순한 도표는 우리의 인지와 상상에 구조와 응집력을 가져다 주는 일련의 은유들의 기초를 형성한다. 존슨은 '평형' balance의 도표- 하나의 점이나 축 주위의 힘들(벡터들)의 대칭적 배열(그림 19)-같은 수많은 이러한 도표들을 분석한다. 육체적 평형은 상상적(수직적) 축 주위의 매스와 무게의 분배를 함축한다. 이 축은 물리적 오브제나 이미지, 법칙 등이 아니지만 여전히 활동적인 것들이다. 그것이 인지의 행위 속에서 역시 활동적이라는 것은 루돌프 아른하임Rudolf Arnheim이 행한 인지에 관한 실험을 사용함으로써 알 수 있다. 백색 영역 내의 점이나 선, 얼룩 들은 인지의 행위 속에서 평형을 보장받는다. 그러나 이러한 평형 도표는 또한 제도, 사건이나 심리적 조건, 논쟁의 형태나 도덕 법칙들의 인지 등을 이해하게 하는 역할을 하기도 한다. 존슨은 자신의 책에서 '경로', '주기', '중심-주변', '반력' 혹은 '끌림' 같은 수많은 이러한 도표들을 열거한다.

에드워드 케이시Edward Casey는 자신의 책 「장소의 운명」*The Fate of Place*에서 가스통 바슐라르Gaston Bachelard의 시적 작업에서의 장소의 중요성을 강조한다. 그는 '시인과 장소분석가 모두는 우리를 장소로 되돌려 놓는 가운데 육체의 특권적 상태를 인식한다'고 기술한다.[2] 가스통 바슐라르는 그의 「공간의 시학」:*Poétique de l'*

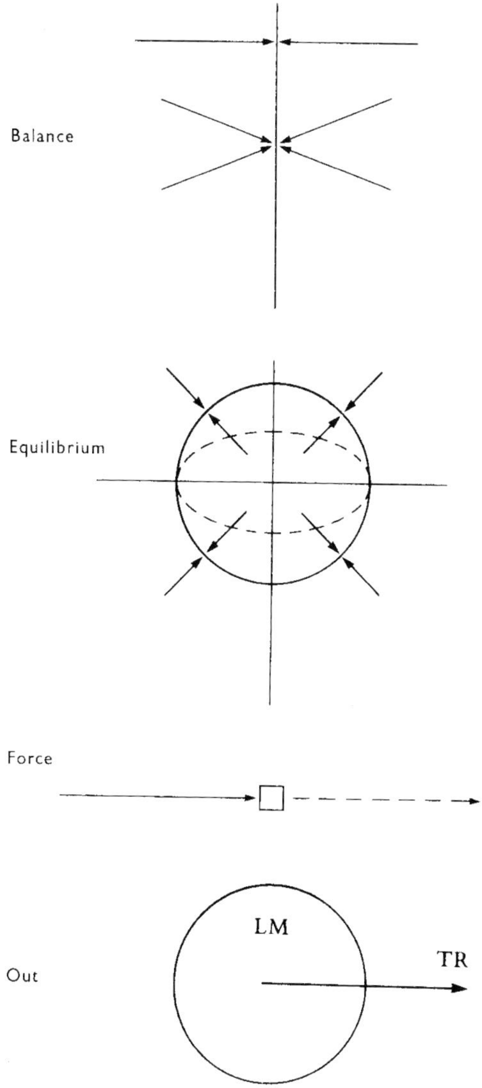

그림 19
존슨의 이미지-도표들

*espace*에서 우리는 우리가 태어난 곳인 주택 내의 삶의 '다이어그램들' 이라 논의했다. 이것은 주택을 일반적으로 '우리에게 안정성의 논리와 환영들을 가져다 주는 이미지들의 몸체'[3] 로 만든다. 바슐라르에 따르면 가장 중요한 이미지들은 수직과 중심성의 이미지들이다.[4] 이 이미지들은 존슨의 이미지-도표들을 강하게 연상시키지만, 바슐라르는 인위적이며 임의적인 것으로서의 은유를 확실하게 거부한다. 그는 그의 이미지들이 일련의 은유들에 대한 장애가 되는 대신 그것들에 대한 통로로 된다는 것을 인식하기를 원치 않는다. 바슐라르와 존슨 모두가 수정될 필요가 있는 또 다른 관점이 있다. 바슐라르의 이미지들과 존슨의 이미지-도표들 모두는 균형, 수직성과 중심성 같은 평형 상태를 가져오는 힘들에 대한 일방적 강조만을 한다. 이미지-도표에는 변환이나 다른 '급변' 같은 관점이 없다. 그것들은 역학의 영역에 속한다.

3.2 역학

역학의 하나의 공식은 현상(형태, 사건, 유기조직)이 그것이 연루되는 상호행위들의 조합에 의해 결정된다는 것이다.[5] 선반에 놓여 있는 책은 평형 상태의 (일시적)계이다.

일단 선반이 제거되면 책은 바닥에 새로운 평형 상태가 도입될 때까지 떨어진다(급변). 이 경우에 바닥은 중력장 내에서 추락을 멈추게 한다. 역학은 무생물과 신진대사적 형태들(바위와 비교되는 물, 담배연기, 불꽃, 혹은 유기체) 사이의 구분을 인식하지 않는다. 모든 형태는 안정과 불안정의 요소들이 조합되는 상

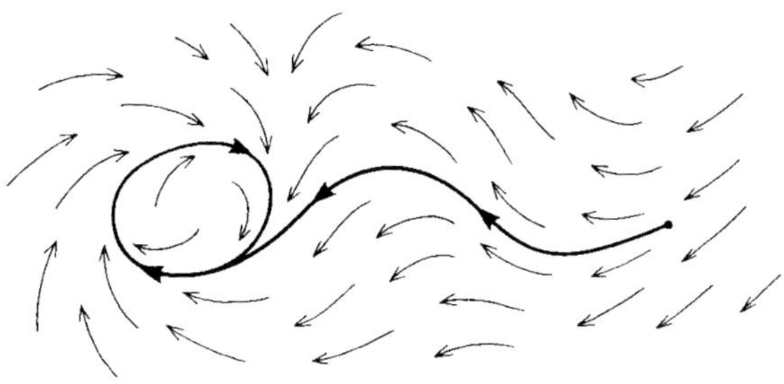

그림 20
상황 공간에서의 역학 시스템의 도해

그림 21
역학 시스템의 초기 상황, 궤도와 점근선적 한계집합

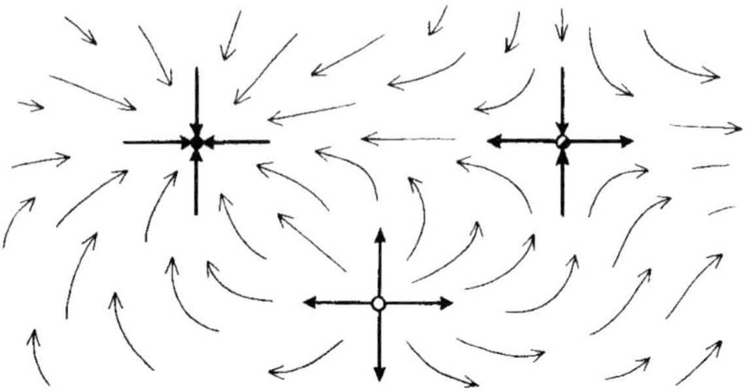

그림 22
가장 단순한 한계집합은 한계점이나 특이한 점이다. 2차원에서는 3가지 유형의 한계점들이 있다: 점-끌개(a), 점-밀치개(b), 안점(c). 한계점의 유입이나 유역은 시간의 진행과 함께 한계점에 접근하는 모든 초기 상황들로 이루어진다. 한계점의 시작은 시간의 역행과 함께 한계점으로부터 멀어지는 모든 초기 상황들로 이루어진다.

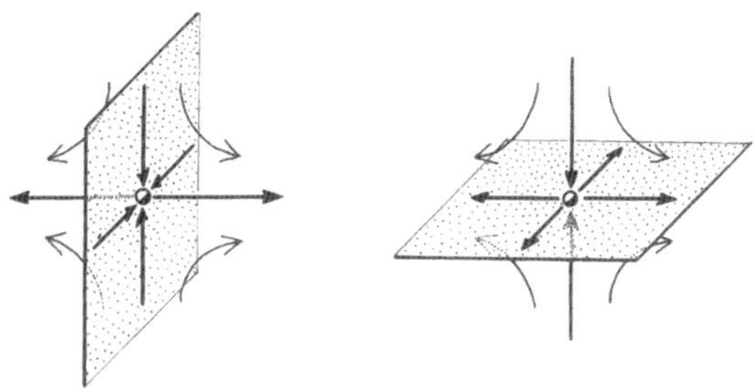

그림 23
3차원에서의 한계점들

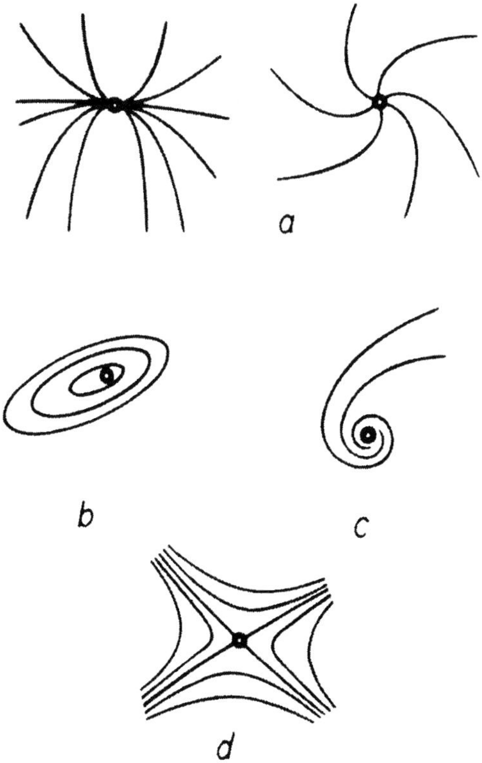

그림 24
한계점 주변의 굴곡들의 행태: (a) 마디,(b)소용돌이,(c)회오리,(d)안장

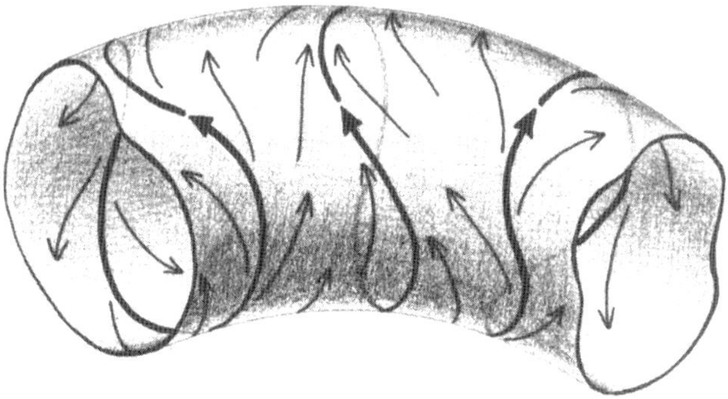

그림 25
한계점들 옆에는 한계주기들이 있다. 원형의 한계집합은 주기적 한계집합, 혹은 한계주기로 불린다. 2차원에는 두가지 유형이 있다: 주기적 끌개와 주기적 밀치개.

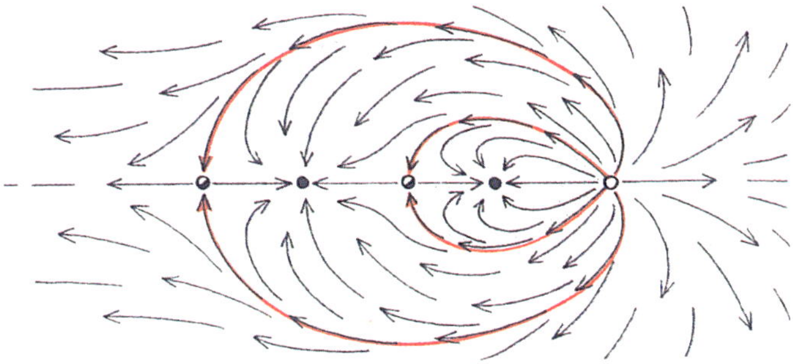

그림 26
2차원에서의 분할면들. 분할면들은 유역의 경계들이다(붉은 색의 선). 분할면들에 의해 각각의 끌개들을 가지는 유역들로 나뉘는 이 상황공간의 도해는 역학 시스템의 AB 도상으로 불린다.

황 속에 있다. 위상 기하학의 관점에서 역학 시스템은 점과 벡터, 점근선식 한계집합limit set을 가지는 굴곡들의 시스템(그림 20, 21)으로 기술될 수 있다. 굴곡진 화살들은 역학적 흐름을 재현한다. 가장 간단한 한계집합은 한계점이다. 2차원에서는 세 가지의 이러한 유형들이 있다: 점-끌개, 점-밀치개, 말안장식 안점, 이 두가지의 조합(그림 22, 23). 그러한 점들 주변의 흐름들은 예를 들어 마디, 소용돌이, 난류(그림24) 같이 서로 다른 방식으로 움직일 수 있다. 나아가 원형이거나 주기적인 끌개와 밀치개들이 있다. 이 경우에 흐름은 원통형 주위로 움직이는 고리나 8자 형상을 형성하도록 연결되는 S-형상이다(그림 25). 끌개의 영향 영역이나 범위는 유입inset, 혹은 유역basin으로 불리며, 반대로 밀치개의 영향 영역은 시작outset이나 원천source으로 불린다. 유역의 경계는 분할선이나 표면, 분할면separatrices이나 초곡면hypersurface들이다. 이런 도구들을 이용함으로써 어떤 역학 시스템의 초상도 주어질 수 있다(그림 26). 이 점들의 군집은 시스템 내의 전위차potential differences를 결정하며, 그럼으로써 물 속의 흐름의 선들, 올라가는 담배연기 같은 운동들이 생긴다. 이 점들은 또한 불안정의 원천이다. 급변(혹은 분기bifurcation)의 개념은 이 불안정성들과 그것들이 계내로 도입하는 변화들을 언급한다. 미묘한 분기의 경우에 하나의 끌개는 또 다른 끌개로 변형되는데, 예를 들어 점 끌개는 주기적 끌개로 변형된다(그림 27). 급변적 분기의 경우에는 끌개와 그것의 유역들의 파괴와 창조가 생겨난다(그림 28, 29). 책이 테이블에서 떨어지는 순간에 테이블 상부는 점 끌개로서 사라지며, 이 역할은 바닥이 하게 된다. 주름의 급변에서 우리는 그러한 식으로 새로운 끌개와 그것의 유역이 갑자기 나타나는 것을 본

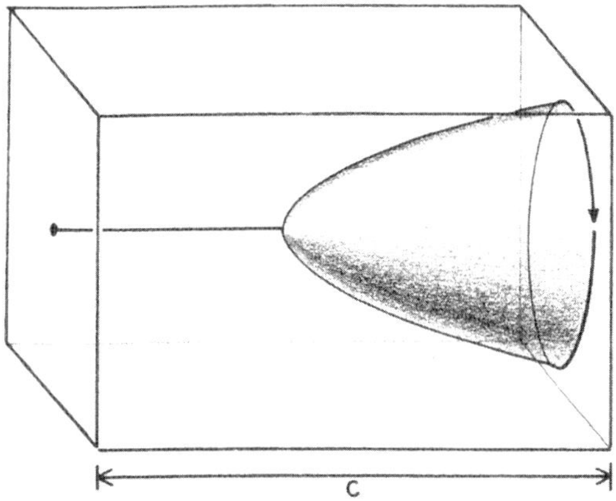

그림 27
미묘한 분기. 기존의 (점)끌개는 점차 주기적 끌개로 변한다.

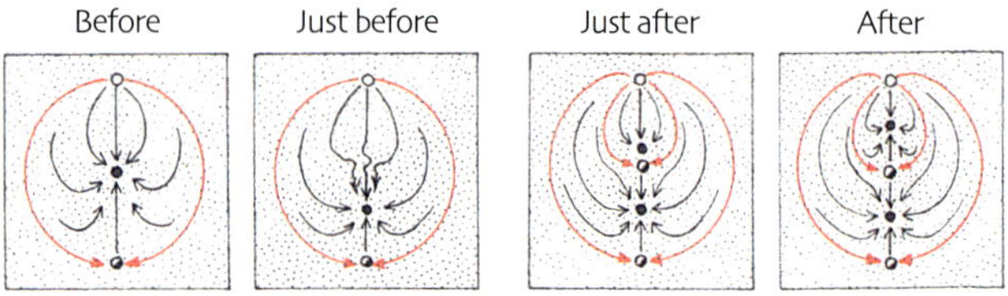

그림 28
급변적 분기의 경우, 미묘한 분기와는 달리 끌개들은 갑자기 나타나거나 사라질 수 있다. 이것은 급변이론에서 접힘의 급변으로 알려진 말안장-마디의 사진이다. 첫 번째 그림은 유역 내의 단일의 점끌개를 보여주며, 두 번째는 급변 직전의 상황을 보여준다. 그 후에 두 개의 점끌개들이 생기며, 새로운 것은 새로운 말안장 점 바로 위에 위치한다. 마지막 그림에서 새로운 끌개는 자신을 옆의 말안장 점으로부터 멀리 분리시킨다.

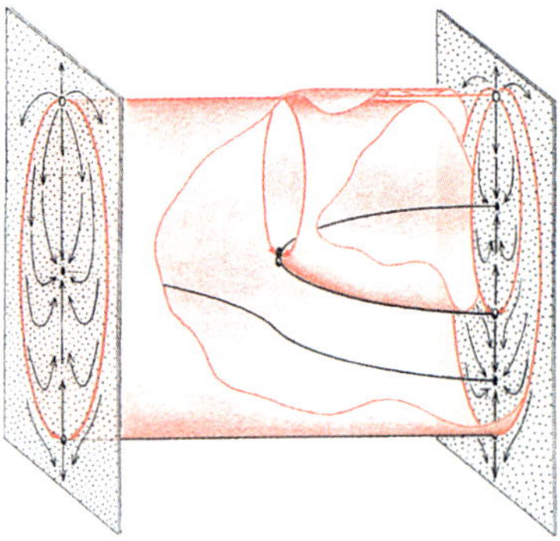

그림 29
그림28의 분기 도해의 채움. 이것은 상부 끌개의 궤적이 어떤 다른 끌개와 상관없이 갑자기 나타난다는 점에서 급변적 분기이다.

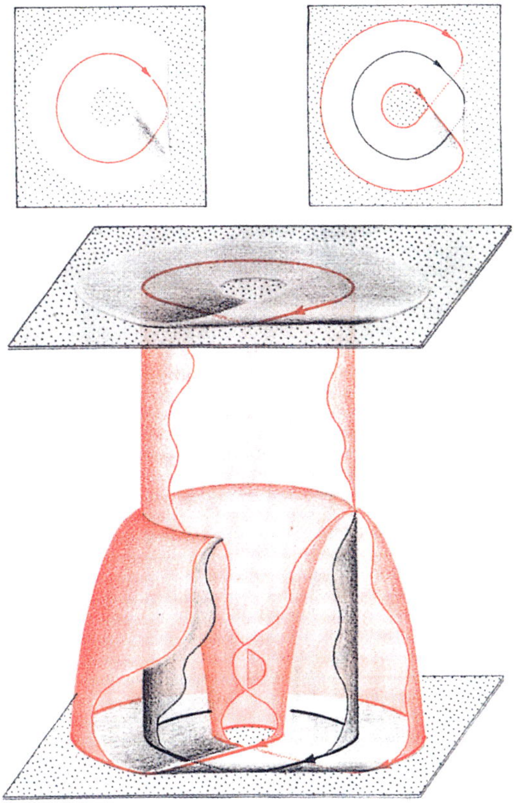

그림 30
진동의 창조. 사건이 생기기 전에 주기적 밀치개(붉은 색)는 뫼비우스적 궤적을 커버한다. 사건 이후에 그것은 끌개로 된다(검정). 우리는 이 분기 다이어그램을 새로운 끌개가 갑자기 나타나는 하나의 폭발로 볼 수 있다.

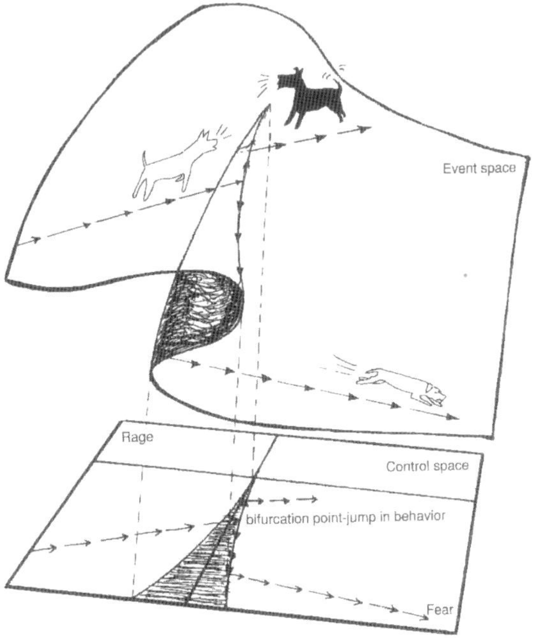

그림 31
첨점(cusp)의 급변. 왼쪽의 개는 두 개의 변양태(공포와 분노)를 가지는 '지도' 상에서 주름(카오스의 끝부분)에 다다를 때까지 하나의 직선 위를 따른다. 그 곳에서 기분이나 상황의 약간의 변화는 행동에 급변적 변화를 일으키며, 그것은 하나나 두 개의 범주로 떨어지게 된다: 도망가거나 싸우는 것.

다. 그것의 그림은 하나의 점 밀치개에 의해 분할되는 두 개의 점 끌개를 가진다. 르네 톰의 표기에서 그것은 사건-공간에서 주름진 표면으로 재현되며, 평면 표면에서 갈래나 첨점cusp으로 투영된다. 그러므로 급변의 관점에서 S-형상은 이 점에서 등장하는 것으로 나타난다. 변환점은 주위에서 '사건-형태'가 주름잡히게 되는 두 개의 끌개 사이의 점 밀치개이다. 르네 톰은 '나비', '제비꼬리' 같은 화려한 이름을 가진 그것들의 투영으로써 7개의 그러한 형태들을 기술한다. 이 투영들(톰의 관점에서는 급변 집합)은 개념이나 상징들이 아니며 가상적 형태들이다. 그것들은 여전히 '사건-공간' 속에서 많은 방식으로 개발되거나 실현될 수 있다. 그것은 말하자면 특별한 유형－이러한 주름의 경우에－의 급변들이 파생되는 유전자적 형태나 발생 경로('*chreod*')이다.

르네 톰은 포획preying이나 습격catching의 형태학을 그러한 유전자적 형태(그림 31)의 예로 기술한다. 이런 형태는 수많은 유형의 동물들에서 잠재력을 지니며, 포획이 인지될 때 발전되는 것으로 가정된다. 잠재적 형태들Virtual forms은 잠재-현실Virtual-actual의 쌍으로 실재-가능real-possible의 쌍을 대체한다. 당신은 단지 그것들이 효과들로서만 작용하는 것을 본다. 그것들은 실제의 위상을 가지지 않으며, 그러므로 몇몇의 시도들에도 불구하고 그것들이 수행하는 맥락으로부터 떨어질 수 없다. 예를 들어 루퍼트 쉘드레이크Rupert Sheldrake는 그러한 형태들- 그의 '형태 발생장morphic fields' - 이 시간과 공간 속에서 자유롭게 움직일 수 있다고 주장한다.[6] '미결정으로 떠다닌다' it is in the air라는 표현은 아마도 이런 과학적 미신의 대중적 표현일 것이다.

역으로, 우리가 효과들을 말하려 한다면 그러한 형태들이 보여지거나 발견되어야 한다. 현실의 패턴들은 그것들이 영원한 힘들과 상호행위를 하는 가운데에 발전을 받아들이도록 만들기 위해 진행되거나 재형성된다. 그러한 과정은 근본적이며, 가장 엄격한 과학에서조차 역할을 하는 창조적 요소이다. 그러므로 그것은 가상적 형태들이 디자인과 같은 창조적 행위와 통합될 때 완벽하게 그렇게 된다.

3.3 다이어그램

건축에서 가상적 형태는 지난 몇 년간 추상기계, 혹은 다이어그램(들뢰즈의 용어를 빌자면) 등의 이름 아래 등장했다.[7] 다이어그램들은 한편으로 리얼리티의 추상적 도표로의 환원으로 여겨지지만, 다른 한편으로는 혁신과 발전의 도구로 간주된다. 건축에서 강조되는 것은 특히 다이어그램의 최근의 양상이지만, 환원과 창조는 서로 분리될 수 없다는 것이 확실하다. 그것들은 동일한 행위의 부분을 형성한다. 도표, 무생물적, 보편화로의 환원-세계를 끌림과 배척의 상호행위로 환원시키는 것과 같은- 은 그것들의 활성화와 상승, 자유화 등의 조건이다. 퐁쥬Ponge나 사로트Sarraute의 언어 비유들의 바닥 어디에선가 우리는 생명이 없는 보편화들과 역시 조우한다. 이러한 생명없음은 생명력으로의 회귀를 하기 위한 기초이다. 그것들은 함께 활성화의 행위를 제정하는데, 그것은 항상 또한 은유적 활성화이다. 이것은 다이어그램에 변환으로서의 동일한 상태를 가져다 주는데, 그것은 정당하게 다이어그램들의 다이어그램이라 불릴 수도 있다. 전의trope와 같이, 그것은 벤 반 베어켈과 카롤리네 보스(UN 스튜디오)가 좋

그림 32
UN 스튜디오에서 사용된 다이어그램의 예. 클라인 병-컴퓨터 애니메이션. 표면으로부터 속이 빈 내부로의 매끄러운 이동과 그 반대로의 이동이 특징이다. 클라인 병은 뫼비우스 띠의 3차원 변형으로 간주될 수 있다.

아하듯, 은유적 공간으로의 통로이며, 병 속에 갇힌 지니를 가두어두기 위한 코르크 마개가 아니다. 그들은 뫼비우스 주택을 위한 디자인에 대해 언급한다: '다이어그램적 건축은 발전의 과정이며, 결국에는 해방의 과정이다. 다이어그램은 건축을 언어, 해석과 의미로부터 해방시킨다.'

그러나 다이어그램은 의미의 해석을 요구한다. 오브제를 비움으로써 떠오르는 윤곽을 취하라. 비움은 윌리엄 호가드에 의해 이미 그 잠재력이 인식된 정신적 수행이다: '모든 오브제들을 우리의 인식 하에 두도록 하라, 내적 내용을 훌륭히 속을 파내어 아무 것도 남기지 말고 다만 얇은 껍질만 갖는 것으로 상상되도록 하라...우리를 오브제의 모든 관점의 대가로 만들어라.'[8] 텅 빈 오브제는 우리가 이미 보았듯이 또한 잠재적인 새로운 의미로 가득찬 용기이다. 그것은 채워지도록 부르짖는 공허이다. 피터 윌슨Peter Wilson은 런던 AA에서의 연구에서 내용으로부터 건물의 껍질로 관심이 전이되게 되는, '건축의 프로그램적 비움' 을 주장했다.[9] 배의 형상은 그가 선호하는 윤곽이다. 이 용기(두 가지 모두의 단어적 감각에서)는 건물과 도시 사이의 관계에 관한 새로운 개념들의 탐구를 위한 도구로 된다. 무엇보다도 그의 도쿄에 대한 소개에서 '전자의 바다' 는 '가라안고, 표류하고 항상 도시의 천둥 속에서 위험에 처하게 되는' , 소용돌이 한가운데에 있는 배의 건물 이미지를 불러 일으킨다.

캐드 디자이너들은 세포 방울을 이용하는데, 그것은 벽체의 위치에 관심의 초점을 모은다. 위상 기하학적 건축의 최초 실험은 또한 건물의 텍토닉, 지붕과 벽체들에 집중했다. 이것의 괄목할 만한 예는 도쿄에 있는 토요 이토의 바람의 탑으로, 그것은 도시로부터 들리는 소음의 양에 따라 변하는 속도로 탑 주위를 돌아가는 네온 등을 가지는 일종의 껍질이다(그림 34). 이 건물은 자신의 표현을 그것의 형태나 장식으로부터가 아니라, 그것의 환경과의 상호행위로부터 끄집어 낸다. 자신의 환경과 상호행위를 하는 건물은 투명하거나 폐쇄적으로 되든가 크거나 작게, 혹은 소란스럽거나 평화롭게 된다는 것을 상상할 수 있다. 그것들은 또한 색채를 변화시키고, 감정을 나타내거나, 혹은 자신들의 운동 속에서 그 특성을 표현한다는 것을 생각할 수 있다.

부터 덴Wouter Denn과 우도 가리츠만Udo Garritzmann은 한걸음 더 나아간다. OMA/렘 콜하스의 방법에 관한 논의에서 그들은 은유를 다이어그램의 언어적 등가물이라 부른다.[10] 그들은 OMA가 용암이나 플랑크톤, 거대함Bigness 같은 은유를 이용하여 사회 내에서 잠재적이거나 아직 보이지 않는 구조들을 보이게 만든다고 주장한다. 그리고 더 이상의 것이 있다. 이 은유들은 '체계적 이상화, 원래의 것에 대한 지속적 과대평가' 를 낭만적으로 진행시킨다. 은유의 잠재력을 조직하는 것은 이미지보다 더 중요한 역할을 한다. 거대함의 잠재력은 콜하스에 의해 그의 *S,M,L,XL*에 포함된 동일한 명칭의 에세이에서 설명되었다. 거대함의 일반원리 중의 하나는 코어와 껍질 사이의 거리가 너무 멀게 되어 파사드가 더 이상 무엇이 내부에서 일어나는지를 나타낼 수 없다고 말한다. 콜하스는 이미 이 개념을 전에, 그가 인정하듯이, '거대함의 잠재적 이론' 을 포함했던 책 「광기의 뉴욕」*Delirious New York*에서의 거대한 건물에 대한 그의 분석- 이 경우에는 다운타운 운동클럽-에서 사용했다. 그 주제는 그의 에세이 「포괄적 도시」*Generic City*에서 다시 등장하지만, 이번 경우에는 가장 일반적인 관점으

3.4 방울과 S자 곡선

카스 오스터하우스Kas Oosterhuis는 컴퓨터 생산된 '연상 기하학' associative geometries을 위한 잠재력의 관점에서 건축의 액상 형태의 부상을 고려한다: '달리 말하자면, 스케치 모델의 어딘가에서 가치나 형태가 변한다면, 그것과 연관된 모든 가치와 형태들 역시 변한다. 건축은 유동적으로 되며, 건축 재료들은 완전히 유연하게 된다.'[14] 그렉 린Greg Lynn은 이러한 유연한 재료를 순응성이 있지만 자신들이 위치하게 되는 장의 힘으로부터 떨어져서는 어떤 형태도 가지지 않는 추상적 실체인 '방울' blob, 혹은 '메타 점토' metaclay로 언급한다(그림 35). 방울들은 미국의 SF영화에서 한동안 유행했다: 탄력이 있으며, 건물과 사람에 달라붙어 피부를 통해 그것들을 점차적으로 흡수하는 불충분한 창조물들.[15] 그것들은 고체의 응집력을 가진 젤라틴 모양의 실체이지만 액체의 무형성도 가진다. 그것들은 자신들을 발견하게 되는 환경의 외부에서는 어떠한 독자적 형상도 가지지 않는다. 린에 따르면, 이 재료를 다루는 개념은 주방의 믹싱 기술로부터 일부 유래된다: 성분들을 잘라내거나 그것들을 혼합기 속에서 균질하게 만드는 것이 아니라, 개개 성분의 자질들이 유지되도록 조심스럽게 접고, 휘젓거나 접어 젓히는 것. 이런 행위들은 '이질적 요소들로 구성되며, 그것들에 발휘된 힘에 의해 함축되는 부드러운 혼합' 을 만들어낸다. 내적 응집력과 외력들 사이의 상호행위는 표현으로 이끈다. 액정은 이것의 흥미로운 예를 보여주는데, 그것의 입자들은 서로 다른 방향으로 배열되고 향할 수 있다. 스멕틱(smectic: 그리스어 *smectos*, 즉 비누) 패턴의 경우에 입자들은 모두 선반 위

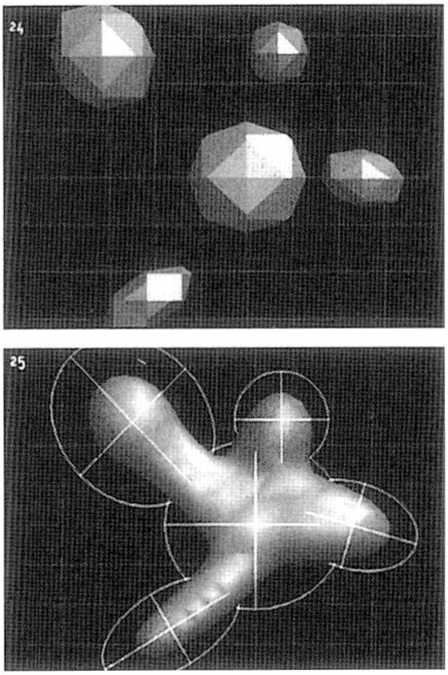

그림 35
분리된 실체들(원초적 형태들)의 혼합으로부터 나오는 방울이나 동형이질의 다면체-표면, 혹은 소위 메타-점토. 방울은 다른 오브제들, 그리고 영향 영역과 연관되어 중심, 표면, 매스 등에 의해 결정된다. 영향의 영역은 방울이 형상을 바꾸거나 다른 방울들과 혼합될 수 있는 범위를 결정한다.

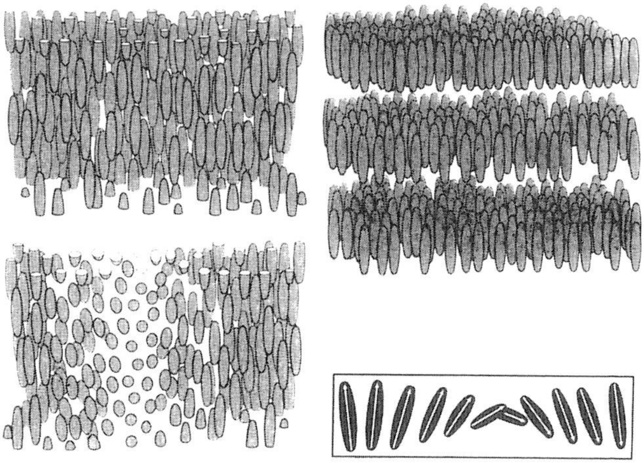

그림 36

네마틱 패턴과 스멕틱 패턴을 보여주는 액정. 네마틱 패턴(그리스어 nematos, 실, 직조)은 동일 방향으로 헤엄치는 일단의 물고기 패턴과 같다. 스멕틱 패턴(그리스어 smectos, 비누)에서 입자들은 선반 위에 정렬된 병들과 같다.

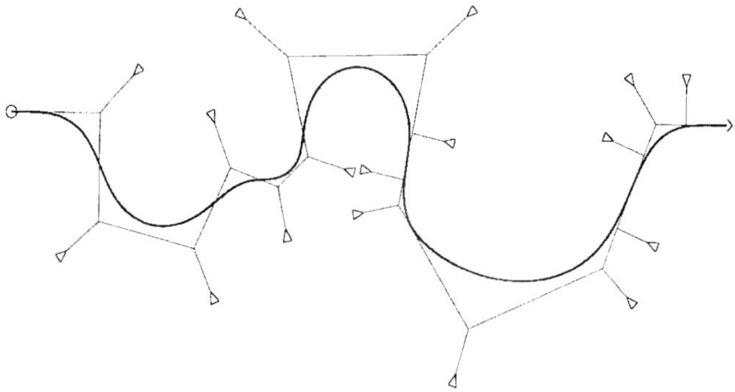

그림 37
운형 기하학으로 설명되는 굴곡들: 무게를 가지는 정점들과 굴곡이 통과하게 되는 핸들(수단)들.

의 병들과 같이 동일한 방향을 가진다(그림 36).[17] 이런 형상들은 압력과 온도, 전기 등의 영향에 의해 변화할 수 있는데, 그것은 현란한 색채효과나 투명성의 차이를 만들어낸다. 이것은 시계나 의료용 진단같은 모든 종류의 표시 장치에서 사용된다.

그러나 이것들은 상대적으로 간단한 상호행위이다. 더욱 복잡한 것은 위상 기하학의 도움을 얻어 기술되어야 한다. 그렉 린의 책「활성화된 형태」*Animate Form*는 S자 곡선의 위상 기하학적 형상의 서술을 포함한다(그림 37).[18] S자 곡선은 자신의 변환이 벡터들과 그것들에 매달린 '무게' 에 의해 지적되는 굴곡이다. 선은 분리된 점들 사이의 연결이 아니라 흐름이나 궤도이다(린은 '점들의 시퀀스를 통한 벡터적 흐름' 을 말한다). 다른 방향에서 움직이는 S자 곡선들은 위상 기하학, 혹은 초곡면의 그리드를 형성한다. 우리가 도해에서 볼 수 있듯이, 굴곡은 이 형상의 가장 중요한 특성이다. 그러나 S-형상과 달리, 대칭과 향의 암시는 사라진다. 변환은 더 이상 무엇을 향한 변환이나 무엇으로부터의 변환으로 기술될 수 없으며, 단지 이전의 상황에 대한 변환으로서만 기술된다.

S자 곡선은 메트로폴리스 내의 무목적 배회자flâneur[19]나 텍스트 내의 단어들의 다이어그램과 같이 다양한 궤도의 다이어그램들로 간주될 수 있다. 확장이나 과장, 변형과 반복, 단일과 이중적 괄호(삽입)의 사용, 방향의 갑작스런 변화와 철회 같이 퐁쥬가 집약적으로 사용한 바로크의 양식적 형상들은 그것의 환경과 상호행위를 하는 가운데 오브제/개념의 궤도 형태를 결정하는 매달린 하중으로 간주될 수 있다. 사로트의 경우에 단어들은 자신의 변화가 두 개의 영역- 내적 영역과 사회적 영역- 에 의해 결정되는 방울들과 같다.

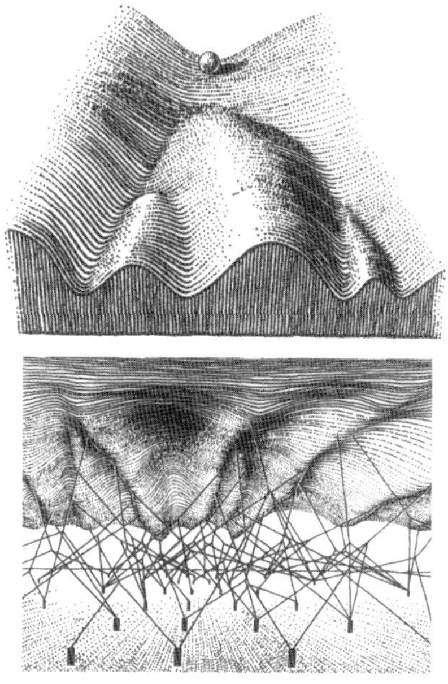

그림 38
상부와 하부에서 본 후성적(점진 분화 형성) 풍경(S. Kwinter)

S자 곡선은 오브제 내의 궤적을 언급할 수 있지만 공간과 시간 내의 오브제의 궤적 역시 언급할 수 있다. 그렉 린은 공간 내 궤적의 활성화에 관한 이론에 집중하는데, 그는 그것을 '활성화장' animated field이라 부른다. '만약 실체가 공간을 통해 움직인다면 그것의 형상은 비록 실체의 한정이 일정하게 남아있더라도 경사진 공간 내의 위치에 기초해 변화할 수 있다.' [20] 위상기하학적 변형의 이러한 개념은 또한 라스 스파우브룩Lars Spuybroek의 에인트호벤 계획안 'Off the road/103.8 MHz' 의 기초를 이루는데, 그것은 '오브제와 궤적' 의 부합을 이루려는 시도이다.[21]

고속도로와 새로운 땅 사이의 공간은 '영역' 으로 변화된다. 각각의 주택은 다르지만 독보적으로 다르지는 않다, 왜냐하면 그것은 이웃들의 다양한 변양태들의 변형된 판이기 때문이다.

카스 오스터하우스Kas Oosterhuis는 시간 속의 건물의 활성화 잠재력에 집중한다. 그는 컴퓨터가 최초의 스케치부터 파괴, 나머지의 재활용까지 건물의 전체 생활주기의 활성화를 고무한다고 반복해 지적한다.[22] 그의 그렉 린에 대한 비평 중의 하나는 그의 활성화가 디자인 단계 이후에 멈춘다는 것이다.[23] 오스터하우스에게 있어 건물은 활성화된 형태일 뿐 아니라 사용자가 안으로 발걸음을 내디딘 후부터 계속해서 움직이는 활성화된 몸체이다.

오스터하우스의 린에 대한 또 다른 비평은 그의 방울들이 단지 정보의 흐름들에 의한 운동만을 따른다는 것이다; 그것들은 어떠한 저항도 제기하지 않는다. '그것은 적어도 건축이 운동에 대한 양식적 저항을 제기하기 위해 실제 시간 속에서 움직이기 시작할 때에만 중요하게 된다. 이것은 방울의 저항 속에서 실제적으로 만들어질 수 있는 장력을 야기한다.(...) 흐름에 대한 벡터

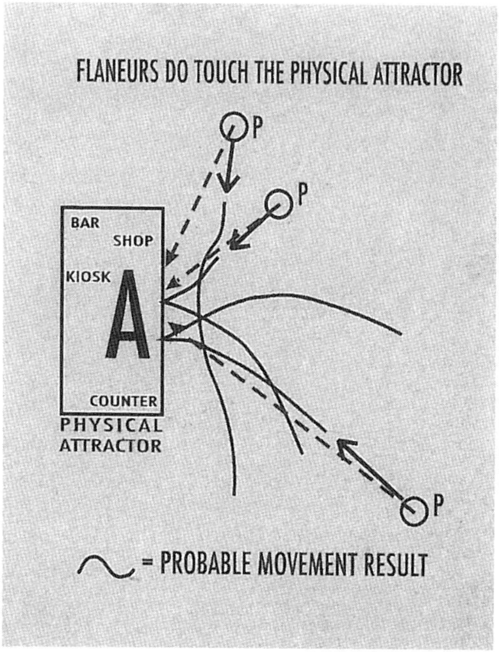

그림 39
얀 캅센베르크. 게이들의 행위에서의 에로틱한 이동(항해)으로서의 무목적 배회. 다이어그램들은 거리를 유지하거나 협상을 하는 끌기와 밀치기의 유희를 도해한다. 19세기의 무목적 배회자에게는 불가능했던 새로운 의사소통 수단(스파르타쿠스 가이드, 인터넷)이 항해에서의 결정적 역할을 한다.(Hunch, no.2, 각주 19 참조)

적 저항을 제안하는 것은 디자인의 영역 내에서 스타일링이 기술적 몸체에 대해 하는 것이다.(...) 이 장력은 저항을 제기하지 않고는 흐름과 함께 가는 것으로부터 단순히 만들어질 수가 없다.' 24

따르고 저항하는 것에 의한 이러한 스타일링은 이미 만화가들에게는 때때로 매우 익숙해져 있다. 이미 언급되었듯이, 벤 반 베어켈과 캐롤리네 보스Caroline Bos가 편집한 *Any* 특별호, *Diagram Work*에서 마크 라카탄스키Mark Rakatansky는 만화영화 감독인 척 존스Chuck Jones의 개념에 관해 언급한다.25 존스는 그가 만화 형상들을 모든 종류의 모험에 연루시킬 수 있게 되기 전에 캐릭터나 태도의 보다 명확한 개념을 가져야 한다고 설명한다. 그는 불꽃 모양의 굴곡을 가지는 행진을 하는 캐릭터를 보여준다(그림40). 라카탄스키는 이 '벡터' 들이 각각의 형상에서 적어도 두 개의 다른 방향을 가진다고 언급한다. '달리 말하자면, 두 개(혹은 더 이상)의 벡터들로써 캐릭터들은 이미 자신들 내에 내적 투쟁을 가지며... 그것이 그들의 투쟁적 캐릭터의 본성으로, 그것은 항상 외적 투쟁들에 대응한다.' 26

건축가는 이런 종류의 감독으로 된다. 카스 오스터하우스: '이제 우리는... 건물이 움직이고 반향하도록 만들기 위해 우리의 손안에 자료가 입력된 실시간의 기술을 가지며, 이제 우리는 이런 새로운 언어를 발전시켜 우리가 이런 새로운 언어로써 구축을 할 수 있는 플롯을 상상할 수 있다. 이제 우리는 자료의 흐름을 움직이게 할 수 있으며, 건물을 형태와 내용, 의미의 관점에서 활성화시킬 수 있다. 그리고 디자인 과정에서 뿐만 아니라, 완성된 산물에서도 그렇게 할 수 있다.' 27 오스터하우스는 여기서 그가 은유적 활성화를 향한 눈을 가지고 있음을 보여주지만, 다른 곳에서 그는 아이러닉하게도 (그의)건물들에 명칭과 의미를 부여하려는 강박적 경향에 대해 언급한다. 그는 넬트예 얀스Neeltje Jans 인공섬에 있는 그의 물 전시관으로 그 속에 무엇이 있는지 보러 오는 방문객들을 초대한다: '좌초된 고래, 후기의 브랑쿠시, 아메바, 해삼, 잠수함, 연주곡선lemniscate, 모터 보트, 올챙이, 떨어지는 물방울, 파도, 스텔스 폭격기'.[28] 이 리스트는 주로 은유가 오브제를 따라 얼마나 힘없이 미끄러지는지를 보여주기 위해 의도된 듯이 보인다. 그러나 우리는 이 오브제가 그것들 내의 그것의 해석과 뒹굴기로부터 실제적으로 살아간다고 쉽게 단정지을 수 있을 것이다.

그림 40
척 존스, 만화 주인공 엘머 퍼드, 벅스 버니, 대피 덕, 페페 르 퓨, 포키 픽들의 형상과 그들의 벡터들.

그림 41
K. 반 데어 가스트, 벨페어포르트 역사, 1953.

그림 42
뫼비우스 띠

그림 43
브루스 고프, 배빙거 주택, 노먼 오클라호마, 1950. 평면은 찰스 엥크스Charles Yencks의 역학 시스템으로 재현된다. 5개의 큰 점 끌개와 6개의 작은 점 끌개들의 영향 아래에서 계단 주위와 벽을 따라 생기는 나선식 운동.

주

1. Mark Johnson, *The Body in the Mind. The Bodily Basis of Meaning, Imagination and Reason*, Chicago, London 1987.
2. Edward S. Casey, *The Fate of Place. A Philosophical History*, Berkeley 1997, p. 291. 또한 P. Raes, 'Erwin Straus over de ruimte van het landschap en de geografische ruimte', *Tijdschrift voor Filosofie*, 62, 2000, pp. 313-340 참조.
3. 'Corps d' images qui donnent a l' homme des raisons ou des illusions de stabilité', Gaston Bachelard, *La poétique de l' espace*, 1972, p.35.
4. Gaston Bachelard(각주 3 참조), p.79.
5. 역학에 관한 책들:
   -Ralph A. Abrahams and Christopher D. Shaw, 'Dynamics. A Visual Introduction', In Eugene Yates(ed.) *Self-Organizing Systems*, New York 1987, pp. 543-597.
   -Sanford Kwinter, 'Landscapes of Change: Boccioni' s Stati d' Animo as General Theory of Models', *Assemblage*, 19, pp.50-65.
   -René Thom, *Structural Stability and Morphogenesis. An Outline of a General Theory of Models*, Massachusetts 1975.
6. Rupert Sheldrake는 형태적 공명과 형태 발생장 같은 개념들을 만들어냈다. 그의 최근의 책 제목: *Dogs that Know When their Owners are Coming Home, And Other Unexplained Powers of Animals*(1999).
7. Ben van Berkel and Caroline Bos(eds.), 'Diagram Work', *Any*, no. 23, 1998.
8. William Hogarth,(2장 4절 참조), p.17.
9. 나의 아티클, 'Het tastende gebouw; de metaforische animaties van Peter Wilson', *Archis*, no. 5, 1993, pp. 50-60.
10. Wouter Denn, Udo Garritzmann, 'Diagrammen van het hedendaagse. OMA' s little helper op de zoektocht naar het nieuwe', *Oase*, no.48, 1998, pp. 83-93.
11. Rem Koolhaas, 'Bigness', in O.M.A.(Rem Koolhaas) and Bruce Mau, ***S,M,L,XL***, Rotterdam, 1995, pp.495-518(p.511).
12. Hans van Dijk, 'Het bezwijken van tegenstellingen', in: *Wonen-TABK*, no. 13/14, 1982, pp. 12-46.
13. Roemer van Toorn, 'Architectuur tegen architectuur. Naar een immanente kritiek binnen de supermoderniteit', *HTV De IJsberg*, no. 14, 1997.
14. Kas Oosterhuis, 'Artificiele intuitie', *de Architect*, thema 57, pp. 58-64, p.62.
15. Greg Lynn, 'Blobs(혹은 Why Tectonics Is Square and Topology Is Groovy)',

Any, 14, 1996, pp. 56-61. Greg Lynn, ' Probable Geometries: The Architecture of Writing in Bodies' , *Any*, 1, 1993, pp.44-50.

16. Greg Lynn, 'Architectural Curvilinearity. The Folded, the Pliant and the Supple' , in: *Architectural Design* Profile, no.102, 'Folding in Architecture' , 1993, pp. 22-26, p. 24.
17. Rodney Cotterill(ed.), *The Cambridge Guide to the Material World*, Cambridge, 1985 참조, 특히 13장: 'Strangeness in propotion. Liquid crystals' , pp. 203-214.
18. Greg Lynn, *Animate Form*, New York, 1999.
19. 현대적 변형은 도시 내의 동성애자들의 에로틱한 책략에 대한 Jan Kapsenberg의 표기로 제공된다. Bart Lootsma, 'Erotic Manoeuvres. Jan Kapsenberg Research into Gay Software' , *Hunch*, no.2, Amsterdam 2000, pp.22-32(그림 p.25).
20. Greg Lynn (각주 18 참조), p. 32.
21. Lars Spuybroek(서문 각주 2 참조).
22. Kas Oosterhuis, 'Space Time Volume' , *Wiederhall*, 12, 1990, pp. 5-11.
23. Kas Oosterhuis, 'Wild Bodies. Invasion of the Body Snatchers' , *Archis*, no. 12, 1999, p. 58-69.
24. Kas Oosterhuis (각주 23참조), p.69.
25. Mark Rakatansky(서문, 각주3 참조), p.52.
26. Mark Rakatansky(서문, 각주3참조), p. 53.
27. Kas Oosterhuis, *op. cit.*, p.63.
28. Oosterhuis Associates, 'Saltwaterpavillon Waterland Neeltje Jans' , 디자인 설명서(미발행).

4. 실습 Exercises

서두

'공간은 우리에게 항상 우측과 좌측, 여기와 저기, 앞과 뒤, 가깝고 멈 등등의 비대칭적인 이중 나선들 속에서 이미 비틀려지고 왜곡된 것으로 다가 온다. 이 비틀림들은 우리가 최초로 조우하고, 가장 지속적인 효과들을 가지는 장소의 신체적 경험 속에서 시작한다.' 1

공간적 구축으로서의 건물은 명확한 동격과 개념적 쌍을 가지는 듯이 보인다: 아래-위, 내부-외부, 앞- 뒤. 그러나 움직임 속에서 우리는 공간을 물리적, 은유적으로 모두 활성화시킨다. 주택 내의 일상적 횡단을 취해보자. 우리는 우아한 굴곡을 그리며 계단을 오르게 해주는 난간을 예상할 수 있다. 우리는 우리 하중의 압력 아래에서 길을 내주는 문의 육중함을 기대한다. 우리는 흔적의 형태 속에서 공간을 비워내는데, 그것은 동시에 그 공간 속에서의 우리의 더 없이 난해한 글쓰기이기도 하다. 그리고 그러한 운동들에 의해 우리는 또한 퐁쥬가 '우리에게 자연스럽게 다가오는 오래된 단어들' 이라 부른 것을 활성화시킨다.

동일한 것이 디자인에도 적용된다. 상상적 공간을 통한 움직임은 힘의 장 내의 항해로서, 그것은 흐름과 함께 가거나 저항을 제시한다. 이 힘의 장은 수직성과 중심성같은 명백한 좌표에 의해서만 결정되지는 않는다. 수직성은 상향과 하향의 힘 속으로 즉시 깨질 수 있다; 중심성은 내향과 외향의 힘 속으로 깨질 수 있다; 하나의 힘이 다른 것으로 변환되는 곳인 퐁쥬의 불가능한 지점의 어딘가로. 그러므로 동역학의 관점에서 우리는 바슐라르의 중심성을 끌개 주변의 안정된 유역(stable basin) —화로— 으로 간주할 수 있다. 그러나 모든 종류의 난류와 분기들은, 끌개와 말안장점, 밀치개들이 나타나고 사라지듯이, 자신들을 횡단 속에서 선언한다.

4.1 결정체형과 미궁형

피터 아이젠만은 '청색선 텍스트' Blue Line Text에서 '중간in between 으로의 발굴여행' 을 논의한다.[2] 건축은 구조와 장식, 전형과 배경, 추상과 구상같은 고정된 대립들을 떨어버려야 한다. 그것은 대신 언어로부터 배워야 한다. 그러나 아이젠만은 은유를 적절하다고 고려하지 않는다, 왜냐하면 그것은 알려진 요소의 사실과 지시대상 사이의 명백한 관계를 설정하기 때문이다. 그의 눈에는 다른 한편으로 아라베스크와 그로테스크가 중간의 형상들이다: 구상과 추상, 인간성과 자연, 형태와 의미 사이의 중간적 형상.

아이젠만의 은유의 거부는 그가 단지 그것의 포함적 양상만을 고려에 넣는다는 사실로부터 나온다: 앎으로부터 모름으로의 유도. 그러나 그것이 S-형상같이 무엇을 향하거나 무엇으로부터 나오는 변곡의 형상으로 간주될 때, 은유는 아라베스크와 그로테스크와 동일한 범주에 속한다거나, 혹은 이 형상들이 모두 향성들이라는 것이 곧 명백해지게 된다.

아라베스크와 그로테스크는 주로 굴곡선, 꽃과 덩굴 형태 속의 장식적 형상으로 알려져 있다. 아라베스크- 인간과 동물의 재현에 관한 금기가 있는 회교세계에서 유래한- 와 달리, 그로테스크에서는 기괴한 대상과 탈, 해골의 형태들이 종종 통합된다. '그로테스크' 는 바위에 새겨져 있었던 고대 로마 빌라의 볼트에서 1400년경에 발견되었던 이런 종류의 장식들 이래로 이태리어의 '그로타' (grotta)에서 유래한다. 시각 예술과 문학에서 아라베스크와 그로테스크는 유령이나 미궁과 같은 함축을 가진다. 볼프강 카이저Wolfgang Kayser에 의하면 그로테스크는 세계의 확실성이 훼손되고 개인들이 그들 자신과 주변으로부터 소외될 때 유행한다.[3] 그로테스크는 특히 낭만주의의 대중적인 양식적 형상이었다. 소외의 상황은 사물들이 익숙한 것으로부터 기괴한 변종을 보여줄 수 있는 꿈에 대한 수용성을 창조한다.

에드가 앨런 포는 그의 「아라베스크와 그로테스크의 이야기」*Tales of the Arabesque and Grotesque*에서 특히 주택의 평면과 실내에 관한 서술을 통해 유령의 순수한 시학을 발전시킨다. '리제이아' Ligeia의 이야기에서 그는 외딴 수도원의 종탑방에 관한 완벽한 묘사를 한다. 오각형의 예외적으로 높은 방의 벽과 바닥, 심지어는 천장까지도 목재 조각, 코니스, 카펫, 거대한 커튼 들의 장식적 풍

방울로 그리고 다시 그 역순으로.[8]

4.2 아래와 위

프랭크 로이드 라이트에 따르면 한 점에서 빛으로 오르는 것은 모든 유기적 건물의 본성 속에 있다. 그에게 대지는 건물의 근본적 요소였다. 그에게 대지는 건물의 기본적인 구성요소였다.[9] 식물과 같이, 건물은 그 존재의 지속을 위한 점에 묶여있다. 그리고 그것은 대지 밑으로, 그리고 그 위로 또한 성장한다. 식물의 경우에서와 같이, 지하층과 상부구조 사이의 어떤 곳에 양성적 향성이 음성적으로 바뀌는 지점이 존재해야 한다. 그리고 아마도 건축가는 디자인 되기 전의 과거의 흔적들과 포자 반죽을 가진 도시의 부식토 층들의 어딘 가에 있는 이 지점으로 내려와야만 한다.

프리츠 노이마이어Fritz Neumeyer는 계몽주의 이래의 건축의 발전을 '기초와 누각 사이의 변증법' 으로 본다.[10] 칼 프리드리히 쉰켈의 건축에서 건물은 자신을 그 기초 위의 주변에 개방하며 대지에 밀접하게 매여있다. 모더니즘에는 지반 밑에 있는 것을 무시하고, 기초를 무시하며, 주로 지상의 누각에만 집중하려는 지배적 경향이 있다. 르 꼬르뷔제의 도미노 주택 같은 말뚝 위의 건물은 이것의 상징이다. 그러나 그것의 지붕 위에서 우리는 나선에 의해 (포도주) 지하창고와 연결되는 구축을 인식한다. 지하실은 지반 아래층에 위치하며 다락은 태양을 향해 끌린다. 그것들은 주택에서 축을 형성하며, 벽난로와 홈통, 굴뚝 등으로 연결된다. 그러므로 그것들은 주택의 투명성을 복잡하게 만든다.

지그문트 프로이트는 독일어에서 '가정적' heimlich/homely의 의미가 어떻게 거의 알아챌 수 없게 '기괴함' unheimlich/uncanny의 개념으로 점점 변했는지를 지적했다.[11] '기괴함' 은 감추어져야만 하는 것을 위한 단어이지만, 빛 속으로 나온다. 지하실과 다락은 특히 물건들이 저장되고 잊혀져 있다가 단지 갑작스럽게 다시 나타나는 곳이다. 이것은 지하실과 다락을 그것들의 다른 위치와 다른 어원에도 불구하고 동류로 만들어준다. 당신이 만약 도서관을 걸어가며 '지하실' 이나 '다락' 의 단어를 가진 제목들을 찾는다면, 당신은 그것들이 확실히 유사하다는 것을 발견하게 될 것이다: 「지하실로 내려가지 마라」;「지하실의 소음」;「지하실의 괴물」;「지하실로부터 빛으로」;「다락 속의 스파이」;「끔찍한 다락 속의 용감한 크리스」;「다락 속의 184개의 보물」;「잉게와 다락 속의 비밀」;「반쯤 열린 다락 속의 시체」.

영국은 전통적으로 화로와 공포 소설의 숭배국가이다. 허만 멜빌Herman Melville의 「나와 내 굴뚝」에서 굴뚝은 실제로 그 소설의 영웅이다.[12] 그것은 지하실에서부터 지붕 위로 멀리 확장되며, 정상부가 피라밋형으로 되는 거대한 구조물이다. 주택의 나머지 부분은 마치 굴뚝이 모든 것을 잡아당기듯 굴뚝 주위로 구축된다. 방들은 굴뚝 옆에 인접되기 때문에 각각의 방은 다음 방으로의 입구이거나 통로이다. 그 주택은 한벌의 입구들이다. 식당은 그 하나가 아홉 개의 문들을 가진다. 굴뚝은 주택 뿐만 아니라 그 주인의 마음까지도 장악한다. 그것은 그의 협력자이자 그의 등뼈이다. 반면에 그의 진보적인 부인은 굴뚝이 없는 모던한 주택을 꿈꾼다. 그것이 무너진다면- 예를 들어 거대한 중앙 홀을 위해서는- 공간에 얼마나 많은 여유가 생길 것인가? 그녀와 동네

목수는 하나의 책략을 마련한다. 목수의 측량은 굴뚝 안의 어딘가에 감추어진 보물을 포함하는 비밀의 장소가 있을 수 있다는 것을 입증해야 했다. 그러나 그 주택의 주인은 굽히지 않고 부인을 질책한다: '그들의 감추어진 장소들로부터의 모든 종류의 비밀들의 갑작스런 출현에 의해 많은 고통이 이미 야기되지 않았던가?' 그러나 그의 부인은 그 이후에 그녀의 남편이 자신의 주택을 결코 떠나지 않기로 결정하게 되는 새로운 계획을 실행에 옮긴다: 그의 굴뚝과 함께 산채로 묻는 것.

지하실과 다락들은 근대 주택에서 치수가 줄어들었다, 그러나 그것들은 여전히 기괴함의 작은 시학들을 위한 접촉 지점을 형성한다. 벽난로는 수직 방향에서 사고를 야기한다: 거실에서부터 다락과 지하실로, 가정적인 것에서부터 기괴한 것으로. 자신의 유역 내에서 안정된 끌개로 보이는 난로는 주름의 급변에서와 같이 두 개의 끌개들 사이의 밀치개 속으로의 운동으로 바뀌는 것으로 나타난다. 나는 우리 부모님들 집의 굴뚝을 기억한다. 그것의 어두운 통풍구는 가정성의 최고선, 난로를 상상할 수 있는 가장 검은 구멍, 고기가 훈제되었던 다락의 훈제실과 연결해주었다. 굴뚝은 사고와 상상들이 움직이게 하고, 볼록이 오목으로 바뀌고 가정적인 것이 기괴한 것으로 바뀌게 되는 불가해한 지점을 계속해서 통과하게 만드는 벡터이거나 채널이다.

4.3 내부와 외부

프란시스 퐁쥬Francis Ponge는 베네치안 블라인드의 움직임에서 표현되듯, 벽을 하나의 힘이 위 아래로 밀치게 되는 점들의 집합으

그림 44
카스 오스터하우스, 트랜스-포트, 2000

벨페어포르트는 도시의 삶이 충돌하는 횔덜린Hölderlin의 「히페리온」*Hyperion*에 나오는 '늙고 둔한 바위the old dumb rock' 이다: '그것은 강인함의 달콤하며, 운집되는 느낌을 가져다 주며... 그의 삶의 노선은 직선이 아니고, 그는 화살과 같이 여행을 하지 않으며, 낯선 힘이 그 자신을 비행의 여정에 던져 놓는다. 그 늙고 둔한 바위, 운명이 그에게 저항하지 않는다면 심장의 고동은 크게 파도치지 않을 것이며, 영적으로 되지도 않을 것이다.'[15] 그 건물은 주변의 혼돈들을 간단히 위로 올라갔다가 다시 모든 것이 떨어지게 되는 우아한 운동으로 승화시킨다.

4.5 뫼비우스 띠

가정의 삶은 주택의 내부와 주위를 따라 고정된 궤적에 얽매이는 매우 주기적인 행위이다. 과정의 주기적 본성은 꽃받침에서의 궤적들에 의한 동역학에서 나타난다. 주택에서와 같이(내부-외부, 아래-위) 수직과 수평 방향에 끌개들이 있을 때, 이것은 그러한 꽃받침 주위로 고리나 8자 형상으로 움직이는 궤적으로 이끈다. 자신의 유역을 가진 끌개들은 비틀린 궤도를 형성하는데, 그것은 뫼비우스의 띠에서와 같이 하나의 끝이 비틀려 다른 끝으로 연결되는 띠를 형성하기도 한다. 뫼비우스 띠의 이러한 법칙은 스티븐 페렐라Stephen Perrella와 레베카 카펜터Rebecca Carpenter의 뫼비우스 주택 연구나 UN 스튜디오의 뫼비우스 주택(그림 45)과 같은 최근의 건축 프로젝트들의 기초이다. 후자의 경우에 뫼비우스 띠는 중앙에서 세로로 잘려 두 개의 고리로 되어, 여전히 하나의 전체를 형성하지만 각각이 자신의 독자적 경로를 따르게 된다. 그

그림 45
UN 스튜디오, 뫼비우스 주택, 1993-1997

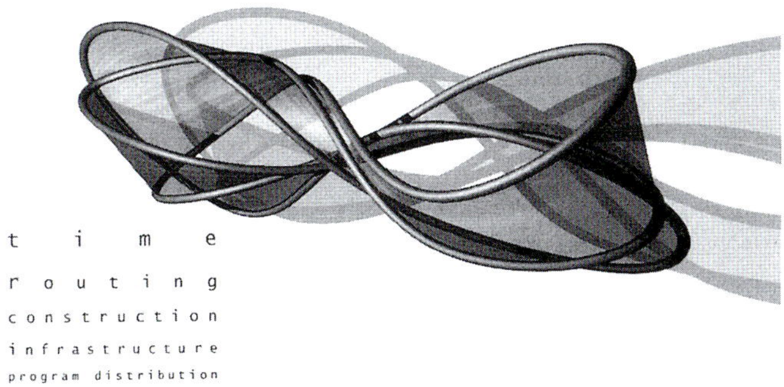

그림 46
UN 스튜디오

그림 47
압 반 하네겜, 무제, 1999, 캔버스 위 아크릴 화, 172×132cm

것은 수면, 노동, 식사, 생활 등의 리듬을 가지는 하루 24시간 동안의 가족 생활에 대한 그래픽한 재현이다: 개인적이지만 공동의 순간들을 가지는 것. 그 가족의 남자와 여자는 둘다 집에서 일한다는 것을 언급할 필요가 있을 것이다.

뫼비우스 다이어그램은 사적인 것private의 비사적인 것non-private, 혹은 테렌스 라일리Terence Riley가 말했듯이 반-사적인 것un-private으로의 수렴과 같은 특별한 은유적 고리를 채택한다. 테렌스 라일리는 1999년 뉴욕 근대 미술관에서 열린 '반-사적 주택' The Un-Private House 전시의 캐털로그에서 오브제의 내부가 그것의 외부로 되는 개념이 현대 건축의 새로운 가능성을 제공한다고 논의한다.[16] 라일리는 부르주아의 시대에 주택이 사적 영역으로 세워진 이후에 가정의 중세적 개방성이 다시 만들어지고 있는데, 그것은 재택 근무의 성장을 통해서 뿐 아니라 미디어들이 어떠한 장애도 없이 사적 영역으로 관통을 하기 때문이기도 하다고 주장한다. 이것은 UN 스튜디오의 뫼비우스 주택에서 확실한 사실로 드러난다. 그것은 재택 근무를 하는 두명의 파트너를 위해 디자인된 것으로, 전 세계에 걸쳐 그 자극적인 디자인이 저널들에서 소개되었다. 미디어를 향한 이러한 투명성은 물리적 주거와 그 점유자를 미디어의 레이더 스크린으로부터 정교하게 정형적으로 제거하는 것과 날카롭게 대비된다. 그 주택은 Gooi 숲 사이에 잘 은닉되어 있으며, 울타리와 전자 장비들에 의해 잘 보호되며, 건축계의 많은 다른 주택들과 달리 그 소유주의 이름을 나타내지 않는다. UN 스튜디오가 미디어를 위해 조심스레 선택한 사진들은 아무도 없는 빈집만을 보여주거나, 그곳에 살지 않는 것이 분명하며, 언제라도 떠날 수 있는 듯이 보이는 젊은 사람들만 보여

그림 48
프랭크 게리, 구겐하임 미술관, 빌바오, 1991-1997

그림 49
리차드 세라, S자 곡선(뱀), 1996, 산화철, 길이 31.65m, 구겐하임 미술관, 빌바오

주

1. Edward Casey(3장 각 주2참조), p. 237.
2. Peter Eisenman, 'Blue Line Text', Jan Brand, Han Janselijn(eds.), *Architectuur en verbeelding*, Zwolle 1989, pp.44-50.
3. Wolfgang Kayser, *Das Groteske: seine Gestaltung in Malerei und Dichtung*, Hamburg, 1957.
4. Thomas Ollive Mabbott(ed.), *Collected Works of Edgar Allan Poe*, vol. II, *Tales and Sketches 1831-1842*, London 1978, pp.242-243.
5. *Ibid.*, p. 187.
6. Michel Foucault, 'Le Language à l' Infini', in: *Tel Quel*, 15, 1963, pp.44-53.
7. Franz Kafka, 'The Burrow', in: *The Great Wall of China and other Short Stories*, London, 1991, pp.185-218.
8. Ben van Berkel, Caroline Bos(UN Studio), *Move*, Effects, p.19.
9. Frank Lloyd Wright, *In the Nature of Materials: A Philosophy*; 원출처: *An Autobiography*, New York, 1943, pp.337-349; 또한 Joan Ockman(ed.), *Architecture Culture 1943-1968; A Documentary Anthology*, New York, 1993, pp.32-42.
10. Fritz Neumeyer, 'Space for Reflexion: Block versus Pavilion', in: Franz Schulze(ed.), *Mies van der Rohe. Critical Essays*, Cambridge(Mass.), 1989, pp. 148-172. 또한 Fritz Neumeyer, *The Artless Word. Mies van der Rohe on the Building Arts*, Cambridge(Mass.), 1991, pp. 154 참조.
11. Anthony Vidler, *The Architectural Uncanny. Essays in the modern unhomely*, MIT, Cambridge, (Mass.), 1992, pp. 7ff. 또한 나의 아티클 'Kap en kelder', in: Ad Habets et al.(eds), *Undercover. Over zolders en kelders in de hedendaagse architectuur*, Nijmegen 1999, pp. 74-78 참조.
12. Herman Melville, 'I and my Chimney', in: Pierre, Israel Potter, *The Confidence-Man, Tales and Billy-Bud*, New York, 1984, pp. 1298-1327.
13. Patrizio Canaponi(A.F.Th. van der Heijden의 다른 이름), *De draaideur*, Amsterdam, 1979, p. 84.
14. 나의 아티클 'Velperpoort', in Mieke Gresnigt(eds.), *De stad nu*, Arnhem,1998, p.12참조.
15. 'Hölderlin, Hyperion oder der Eremit von Griechenland', in: *Hölderlin, Sämtliche Werke*, Vol.3, Stuttgart, 1957.
16. Terence Riley, 'Das un-private Haus', *Arch+*, 148, October 1999, pp. 92-104.
17. Marc Augé, *Lieux et Non-Lieux. Introduction á une anthropologie de la*

surmodernité, Paris, 1997.

18. Lieven De Cauter, 'De capsulaire beschaving. De stad in het tijdperk van het transcendentaal kapitalisme', *Krisis*, 73, 1999, pp. 70-79. 세계의 배치를 위한 모델로서의 캡슐은 이미 1969년에 일본 건축가 기쇼 구로카와가 설명했었다. Anna Tilroe, 'Laboratorium Los Angeles', *NRC Handelsblad*, 'M', 2 September, 2000, pp. 8-22참조.
19. *De Volkskrant*, 5, September, 1998.

에필로그 Epilogue

건축가들은 부분적으로는 컴퓨터 디자인의 결과로 인해 건축의 정적 형태로부터 변환을 하고 있다. 그들은 참조나 상징이 없이 직접적인 생활 경험의 감독으로 되길 원한다. 나의 주제는 공간 속으로 운동을 도입함으로써 횡단의 시학에도 역시 새로운 삶이 주어질 수 있다는 것이다.

이것은 건축에 관한 말하기와 글쓰기를 직접적으로 건드린다. 건물이 발휘할 수 있는 매력과 비평가에 의한 것이든, 건축가 자신에 의한 것이든 그것에 대한 대부분의 논의들의 우둔함 사이에는 매우 큰 불일치가 존재한다는 것을 누구도 부인하지 않을 것이다. 아마도 다른 경우가 생길 수는 없을 것이다. 그러나 그것을 제쳐놓더라도 건축에 관한 다른 종류의 글쓰기를 위한 공간이 있어야만 한다. 살아있는 경험에 대해 우선권을 부여하는 건축은 횡단의 시학을 받아들일 수 있어야 한다. 사용자들이 움직이는 가운데 건물을 경험하는 방식은 이것의 출발점이다, 그러나 그것으로는 충분치 않다. 시학은 반영의 요소를 증가시킨다. '내가 직접 경험을 할 수 있다면 오르가즘이 어떻게 작용하는지에 관해 왜 글을 읽어야 하는가?' 라고 작가 아르논 그룬베르크Arnon Grunberg는 질문을 한다. 그리고 그는 계속한다: '나는 "내가 실제로 무엇을 경험했는가?" 라는 질문에 대한 대답을 위한(...) 논쟁을 하고 싶다. 그 즐거운 감각은 실제로 존재하는가, 아니면 그것은 할리우드의 어떤 악마가 행한 순수한 조작인가?(...) 반영이 없다면, 오르가즘은 다른 것과 마찬가지로 단지 기분풀이일 뿐이다.' [1]

그러므로 이런 종류의 시학은 기쁨과 반영을 위해 그곳에 있다. 그러나 그것에 연결된 결정적 기능이 또한 있다. 보들레르가 횡단한 메트로폴리스의 세계가 몰과 백화점, 혹은 심지어 완전한 내부세계의 소비적 우주 속에서 응축된다는 관점에 대해서는 많은 애기가 있을 수 있다. 무목적 보행자는 고객이나 소비자로 되었다. 그는 진열되어 있는 상품들 가운데에서 강제적이거나 혹은 자유롭게- 그것은 당신이 그것을 보는 관점에 달려있다- 향성적으로 움직인다. 사실은 소비적 우주 속에서는 경험들을 기록하고 지도하기 위해 점점 다듬어진 도구들의 열이 가능하다는 것이다. 그 뒤에 있는 유토피아는 자유로운 행위와 부자유스런 행위 사이의 구분이 마음으로부터 사라지는 곳이다. 소비자는 조종되고 동시에 그가 자유의 나라에 있다고 상상할 수 있다. 직접적인 경험은 단어들을 과다하게 만들거나 그것들을 다음과 같은 슬로건으로 환원시킬 위험을 가진다: '그것은 단어로는 표현될 수 없다, 당신은 그것을 느껴야 한다' . 시학은 명확히 경험을 위한 단어들을 발견하려 노력한다.

건축가들은 그것을 방해되는 부작용으로 여기지 말고 하나의 동맹으로 여겨야 한다. 그렇지 않다면 그들은 소비적 우주 속에서 그들의 애니메이션들의 매끄러운 통합이나 진부함으로의 은폐에 기여를 하고 있는 것이다.

꽃

찰스 젱스는 현재 가장 설득력있는 건축 비평가들 중의 하나이다. 그는 자신의 책 「도약하는 우주」*The Jumping Universe*에서 카오스 이론, 위상기하학, 양자 역학, 등등을 포함한 건축에서의 패러다임의 변화에 대해 아낌없는 논의를 한다(그림 46). 그의 책이 은유로 가득 차있을 지라도 은유 그 자체에 대해서는 한마디의 언급도 없다. *Arch+* 에서의 그의 책의 편찬물에 대한 요약에서, 그는 프랭크 게리의 빌바오 미술관에 대한 논의 가운데에 꽃의 은유를 사용한다: '빌바오의 미술관이 많은 형태와 색채들을 전시하는 반면, 유기적 은유는 여전히 무엇보다도 한 점을 형성하도록 응축되고, 선을 형성하도록 확장되는, 고집센 꽃잎들을 가진 튼튼한 꽃을 적용한다.' [2]

그 건물은 그것과 갑자기 직면하게 되는 어떤이에게는 매우 매력적이어서 확실히 도시의 색깔없는 배경으로부터 솟아오르는 꽃의 감각을 불러 일으킬 수 있을 것이다(그림 48). 그러나 이러한 감각과 비교해볼 때 꽃의 은유란 것은 얼마나 빈약한가! 젱스는 독자에게 역학의 모든 책략들을 보여주기 위해 정말로 멀리 나아간다, 그러나 그것이 건물을 설명하게 될 때 그는 진부함 속으로 빠진다. 그의 은유는 문을 쾅하고 닫아버린다.

퐁쥬는 다음과 같이 쓴다: '꽃은 인간 정신의 열정들 중의 하나이며, 관습적 은유들 중의 하나이다.' 이 문장은 빌바오에 있는 게리의 걸작과 같이 희미하게 명멸하는 동시에 번쩍거린다. 퐁쥬가 말하는 꽃은 왜 총알과 같이 한방 날릴 수가 있는가? 왜냐하면 그 안에는 그러한 식의 감동적 방식으로 탁월한 비상과 반복이 결합되기 때문이다. 퐁쥬에게 있어 충격은 그 자체로 관습의 은유로 되는 글쓰기의 시작이다. 건물을 꽃으로 부르는 것은 우리에게 어떤 감흥도 주지 않는 진부함이다. 그러나 충격은 관습의 시학을 촉발시킬 수 있다. 어느 누구도 꽃과 같은 건물로써 세계 지도 위에서 자신을 위한 장소를 지키려는 한 도시의 시도에 대해 둔감하지는 않을 것이다. 그러나 마찬가지로 필연적인 것은 이러한 만개가 드로잉 관심의 세계적 실습을 점점 분명히 가져올 것이라는 사실이다. 그리고 누구도 한번 자신을 총알과 같이 날렸던 충격이 그 배경과 같이 평범하게 되는 경험을 피할 수는 없다.

건물의 실내 역시 관습의 은유이다. 다양한 기록들이 미술관 건물 내를 교차한다- 여행, 백화점, 미술관, 건축. 건축가는 그 경험의 감독들 중의 하나이지만 궁극적인 감독으로 되길 주장할 수는 없다. 근대의 이상은 사용자가 자신의 노선과 이야기를 만들어 내며 미술관의 공간을 통해 자유롭게 움직이는 것이다: 가이드 여행에 편입된 여행객, 예술이나 건축 담론 속의 감식가, 경영 시나리오 속의 경호원. 무목적 배회자는 이들 모두가 된다. 그는 자신을 미술관 공간 내에 위치시키고, 그 속으로 뛰어들어 그것에 의해 쓸려 다니고, 가이드 여행의 여행객, 예술 감식가, 건축 애호가와 경호원- 쉽게 말해 미술관 군중 내의 인간으로 된다. 그는 하나의 위치에서 또 다른 위치로 자유롭게 옮겨다니며, 의미가 평범에서 탁월함으로, 충격에서 관습으로, 부자유에서 자유로 거의 알아차릴 수 없이 움직일 수 있는 연결들을 설정한다.

우리는 이 책에서 수많은 다이어그램들을 가로질러 왔다: 그릇vessel, 용기container, 방울blob, 뫼비우스 띠. 건축가들은 그것들을 그것이 나타나는 대로 생생한 방식으로 이용한다. 그들의 관심은 그렉 린이 표현하는 대로 '의미에서부터 기계로' 옮겨져 왔다. 그에 따르면, 그것은 '동작 기하학의 계산과 시간 기초의 동역학 시뮬레이션 같은 추상 기계의 가능성을 두드리기 위한'[3] 조건이다. 린은 건축에서 의미와 언어를 금지하는 것이 아니라, 언젠가 새로운 의미를 잘 만들어낼 수 있도록 하기 위해 중지할 것을 논의한다. 그러나 그는 기계들을 주로 기술적 장애를 해결하기 위한 도구로 본다. 그의 많은 동료들과 같이, 그는 은유적 공간에 대한 채널이나 벡터로서의 그것들의 기능에 대해서는 아무런 말을 하지 않는다.

주

1. Arnon Grunberg, 'Handboeien met roze veren. Biografie van een recensentenpaar', *NRC Handelsblad*, 2, 2000년 6월.
2. Charles Jencks, 'Die Architektur des Springenden Universum', *Arch+*, 1998년 4월, pp. 35-111.
3. Greg Lynn, *Animate Form*, 1999, p. 40.

역자후문

21세기의 건축 행로는 지난 20세기의 눈부신 비약과 변화와 비교해 볼 때 도무지 예측하기조차 불가능한 듯이 보인다. 그러나 20세기가 19세기의 발전된 기술을 바탕으로 하여 새로운 패러다임인 기계미학을 중심으로 수많은 가지를 발전시켜 나갔듯이, 21세기 역시 발전된 기술을 활용하여 새로운 대안을 찾아갈 것이라는 것은 자명하다. 그리고 이러한 새로운 기술의 주역은 무엇보다도 컴퓨터라는 매체가 담당하게 될 것이다. 실제로 컴퓨터는 건축에서 이제 단순한 도면의 드로잉이나 표현, 구조 계산 등의 영역을 훨씬 넘어서 디자인의 과정 자체에 깊숙이 개입하고 있기 때문이다. 또한 최근에는 많은 건축가들이 과거 자신의 고유 영역이었던 형태 도출의 과정까지도 디지타이저된 자료들에 의거해 컴퓨터에게 일임하고 있기 때문이기도 하다. 이러한 현상은 현재 많은 건축가들이 주관적 디자인을 대신하여 객관화된 자료인 다이어그램들에 의존해 그 자체를 실제로 형상화하는 작업에 매달리고 있다는 사실에서도 확인이 가능하다.

건축은 시대별로 다양한 패러다임들을 나름대로 반영해왔으며, 그러한 패러다임들의 변화에 따라 형태들에 대한 각각의 접근 방식이 본질적 차이를 보인다고 할 수 있다. 예를 들어 19세기말 모더니즘이 탄생한 이후 건축의 디자인은 크게 주관적인 감성을 바탕으로 한 자연적, 유기적 형태와 객관적이며 기계적, 기하학적인 추상적 형태의 두 가지 범주로 대별되어 서로 변증적인 관계를 유지하며 발전되어 온 것이 사실이지만, 유기적 형태의 도출 방식만 하더라도 시대에 따라 전혀 다른 패러다임으로 접근되었기 때문이다. 19세기말의 아르 누보(Art Nouveau)가 이전의 고전주의적 접근에 대한 반동으로 자연의 유기적 형상들, 특히 식물줄기의 곡선 형태들을 모방하여 곡선을 주로 사용했다면 20세기 초의 표현주의는 식물 줄기로부터 더 나아가 자연의 모든 유기적 형상들- 동굴, 언덕, 산, 절벽, 바위, 광물체, 별, 생물체 등등의-을 주관적인 정신적 영역의 표현 수단으로 이용했다고 할 수 있다. 그러면 20세기말부터 유행하기 시작하여 21세기로 접어든 현재에 이르기까지 새로운 디자인의 경향으로 지속되고 있는 부드럽게 휘고 굴곡진 유동성의 건축 역시 이러한 유기적 형상 추구의 전통에서 바라보아야 할 것인가?

물론 이 모두가 기본적으로 유기적 건축을 지향하고 있음에는 틀림이 없다. 그러나 현대의 유동성 건축은 과거 표현주의 건축에서 단순히 유기적 매스의 형태적 모방으로만 나타나던 조각적 형태 도출의 방식에서 벗어나 기술과 자연 환경에 대한 새로운 물리적 관계를 정립하려는 시도 속에서 발전된 기술을 이용해 유기적 환경을 총체적으로 표현하려 한다. 이것은 자연 현상의 대부분을 차지하는 비선형적(non-linear) 흐름과 운동을 총체적으로 기하학적으로 표현하려는 시도라고 할 수 있다. 그러므로 이들은 유기체의 본성인 비선형성과 카오스(chaos)적 운동, 그리고 그것들을 기하학적으로 다루는 급변 이론(catastrophe theory)과 프랙탈 기하학(fractal geometry), 위상 기하학(topology) 등을 이용해 다양한 유기적 형상과 변형을 건축적 공간으로 형상화하는 작업을 한다. 이러한 작업 방식은 무엇보다도 최근의 네덜란드를 중심으로 한 일련의 건축가들에서 확연하게 드러난다. 이들은 주로 이전에 포스트 모던 건축가들이 시도하던 '상징과 은유로서의 형태'라는 개념을 포기하는 대신, 이러한 물리학과 기하학을 인용하며, 컴퓨터로 순수할 정도로 객관화된 자료들에 의거한 다이어그램에 의존해 "완전히 비은유적인 방식"으로 형태를 만들어내기 때문이다. 그러나 건축에서 은유를 완전히 폐기시키는 것이 가능할까? 이에 대한 대답은 네덜란드의 건축학자인 톤 페어슈테겐(Ton Verstegen)이 쓴 본서「건축의 향성과 흐름: 은유적 활성화와 건축」*Tropisms: Metaphoric Animation and Architecture,* NAi Publishers, Rotterdam, 2001에서 찾을 수 있다.

페어슈테겐은 이 책에서 건축에서의 흐름과 움직임의 양상들에 대해 분석을 하는데 이것을 단순히 은유가 제거된 물리적 운동(벡터로서의)만으로 파악하지 않고 물리적 운동과 은유로서의 운동 모두의 관점에서 접근한다. 그는 오히려 질 들뢰즈가 라이프니츠의 주름(le pli)에서 '정신 속의 주름'을 발견한 것으로부터 베르나르 카슈의 "오목함과 볼록함의 굴곡이 만들어 내는 육체와 정신의 통일체", 윌리엄 호가드의 S자 곡선(serpentine line)이 내